髙橋 秀一郎、大澤 文孝［著］

かんたん理解

正しく選んで使うための

クラ

きほん

Amazon Web Services・Azure・Google Cloud
を横断的に理解しよう

マイナビ

本書の読み方

| 重要度：高 | 変化度：高 | ビジネス | エンジニア | アドバンス |

本書の項目には、上のようなタブが付いています。これは、その項目に以下のような特徴があることを示しています。

- 重要度：高 ………… クラウドサービスの中でも重要度の高い内容です。
- 変化度：高 ………… 変化することの多い内容です。公式サイトで最新情報を確認してください。
- ビジネス …………… ビジネス担当者（非エンジニア）にとって特に役立つ内容です。
- エンジニア ………… エンジニアにとって特に役立つ内容です。
- アドバンス ………… やや応用的な内容です。興味のある方はご覧ください。

本書のサポートサイト

本書の補足情報、訂正情報などを掲載してあります。適宜ご参照ください。

https://book.mynavi.jp/supportsite/detail/9784839972752.html

本書の本編中では、各サービスの参考となるURLや、アクセスするための方法については触れていません。こういった情報については、巻末の「各サービス・機能の補足資料」にまとめていますので、そちらをご覧ください。

ご注意

はじめに

　手に取っていただきありがとうございます。

　突然ですが、始めて触ったクラウドサービスはなんですか？　筆者はAzureから入りました。その後、仕事でAWSを使う機会があり、自宅のIoT化をする際にGoogle Cloudを使いました。こういった流れもあり、幸い筆者は3つのパブリッククラウドを触れることができました。

　それぞれ使ってみた感想としては、どのクラウドサービスにもある、同じようなな（仮想サーバーのような）基本的なサービスと、個別の特色ある便利なサービスがあるということです。基本的なサービスは1つのクラウドサービスを使ったことあれば、他のクラウドサービスも簡単に使うことができます。

　本書では、同じ機能のサービスは同じサービスとして紹介するとともに、「他のクラウドではこうなってるのか」という気付きを得てもらえるよう工夫して解説しています。今後は複数のクラウドサービスを利用するマルチクラウドでシステムを構築するのが当たり前になってくると筆者は考えています。マルチクラウド時代に備えるスキル取得に本書が役に立つことを願っています。

2021年12月　髙橋 秀一郎

　これからクラウドをはじめたい。

　そう思ったときに躓きやすいのが、概念や考え方、そして用語です。クラウドはITシステムのインフラを構築する技術のひとつですが、従来のインフラと違って、自分で作るのではなく、クラウド事業者が運用してくれるものを借りて組み合わせるという考え方をします。そのため考え方を改めないと、ちっとも理解できず、活用もできないのです。

　クラウドとひとことで言っても、代表的なものだけでも「AWS」「Azure」「Google Cloud」の3つがあります。それぞれの技術について書かれた書物は多いのですが、全体的な考え方について記載されているものは、さほど多くないように思えます。

　本書は、クラウド時代に向けた、「クラウド全体を知るための本」です。それぞれのクラウドで共通のところもある一方で、違うところもあります。本書では、全体を説明しつつ、細かい違いや運用上の注意点も解説していきます。

　クラウドは範囲が広いため、ひとりの著者では、なかなか書き切れません。実際、筆者（大澤）は、AWSについてはそこそこの知見がありますが、AzureやGoogle Cloudは、たしなむ程度です。そこで幅広い知見を持ち、Google Cloudについての著書もある髙橋秀一郎氏を迎え、知識を補っていただきました。本書は、こうしたふたりの知見の集大成です。

　これからクラウドをはじめるようという人たちの第一歩として、お役に立てば幸いです。

2021年12月　大澤 文孝

Contents

Chapter 1

AWS・Azure・Google Cloudの概要と特徴 　011

Chapter 2

クラウドの仕組みと使い方

Chapter 3

インフラを構成する基本サービス　093

Chapter 4

クラウドのデータにかかわるサービス 137

Chapter 5

コンテナとサーバーレスなサービス

165

Chapter 6

チームでの開発と運用を助けるサービス

AWS・Azure・Google Cloud の概要と特徴

システムを動かすインフラとして、いまや不可欠となったクラウドサービス。なかでもよく使われるのが、AWS・Azure・Google Cloud です。

この章では、クラウドサービスの基本と、それぞれの特徴について説明します。

3大クラウド AWS・Azure・Google Cloud

クラウドサービスは、インターネットなどでシステムを動かす際に必要なインフラを提供するサービスです。日本国内でよく使われているのは、AWS・Azure・Google Cloudです。こうしたクラウドサービスを使うことで、強靭なインフラを手に入れられます。

Amazon や Microsoft 365、YouTube と同じインフラが手に入る

　インターネット上には、ホームページやブログ、ショッピングサイトや動画サービスなど、さまざまなサービスを提供するシステムがあり、世界中からアクセスして利用されています。こうしたシステムを動かすのに不可欠なのが、サーバーやネットワークといったインフラです。

　クラウドサービスは、こうしたインフラを提供するものです。日本国内でよく使われているクラウドサービスは、AWS・Azure・Google Cloudの3つです。これらは、次の会社が提供しています。

1. AWS（Amazon Web Services）

　Amazon Web Services 社が提供しているクラウドサービスです。ショッピングサイト大手のAmazon社が利用しているインフラを、一般にも提供しているものだと考えてよいでしょう。

2. Azure（Microsoft Azure）

　Microsoft 社が提供しているクラウドサービスです。Microsoft 365（旧称：Office 365）やMicrosoft Teams、OneDrive などを提供するインフラを、一般にも提供しているものだと考えてよいでしょう。

3. Google Cloud

Google社が提供しているクラウドサービスです。Google検索やGoogleドキュメント、YouTubeなどを提供するインフラを、一般にも提供しているものだと考えてよいでしょう。

こうした説明を読むとわかるように、それぞれのクラウドサービスは、サービス事業者自身が、自身のサービスを提供するために構築したインフラを、一般にも利用できるようにしたものだと考えることもできます。

すでにご存じのように、AmazonやMicrosoft 365、Google検索やYouTubeなどは、世界中で、とてもアクセス数が多いサービスです。クラウドサービスを契約すれば、こうしたサービスを提供するインフラと同じものを、私たちも利用できます。つまり、相当数のアクセスを捌くことができる大容量のネットワーク帯域、それを処理するだけの高性能なサーバーを手にすることができるのです。

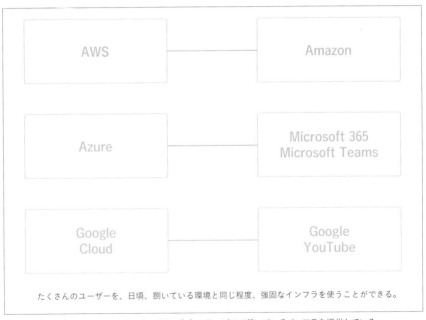

たくさんのユーザーを、日頃、捌いている環境と同じ程度、強固なインフラを使うことができる。

図 1-1-1　AWS、Azure、Google Cloudは、自身のサービスで使っているインフラを提供している

クラウドサービスに依存する、さまざまなサービス

　皆さんは、さまざまなインターネットサービスを使っているかと思いますが、そのほとんどが、こうした3大クラウドサービス上で運用されています。実際、クラウドサービスの障害によって、いくつかのインターネットサービスが使えなくなったというニュースを耳にした人も多いでしょう。それだけいま、多くのインターネットサービスが、この3大クラウドサービスに依存しています。

　クラウドサービスに依存する理由は、多数のユーザーを捌くための大規模なシステムを自社で用意するのが、とても難しいからです。同じだけのネットワーク帯域、コンピュータシステム、ネットワーク機器を用意しようと思うと、どれだけのコストがかかるか分かりません。

契約すれば誰でもすぐに使える

　これらの3大クラウドサービスは、遠くにある存在ではありません。Web画面からクレジットカードなどの決済情報を入力すれば、すぐに誰でも使えます。個人やスタートアップ企業など、資本が少なくとも、堅牢なインフラを使うことができるのです。

料金は、使っただけの従量課金制

　料金は、使っただけの従量課金です。高スペックなコンピュータを使ったり、大量のデータを転送すると、それなりの費用がかかりますが、低スペックなものであれば、月額数百円、数千円の単位で使えます。クラウドサービスによっては、入会後、一定期間、もしくは、一定金額までは無料で使えるものもあります。

　このような手軽さも、クラウドサービスが人気を集める理由です。

手軽さだけでない、さまざまなメリット

　クラウドサービスのメリットは、手軽に強靭なインフラを手に入れられるだけではありません。

　構成を自由に変えられたり、保守運用が軽減されるなどのメリットもあり、クラウドサービスを活用するには、むしろ、こうした、それ以外のメリットを理解することが大事です。

　次節では、クラウドサービスを活かすための、さまざまな特徴をみていきます。

まとめ 🖉

- ● クラウドサービスを使うと、AmazonやMicrosoft 365、YouTubeのような大量のユーザーを支えるインフラと同等のものを使える
- ● 世の中の多くのシステムは、AWS・Azure・Google Cloudで提供されている
- ● Web画面から申し込み、クレジットカードの情報を入力すれば、すぐに使えるようになる
- ● 費用は使っただけの従量課金。低スペックのものなら数百円、数千円から始められる。

Section 2 古き時代のインフラ

クラウドは、システムを動かすためのインフラを提供するサービスです。ですからクラウドの本質を理解するには、そもそもクラウドではない古き時代のインフラを知らないと、そのメリットが見えてきません。この節では、古き時代のインフラが、どのようなもので、どのような問題点があるのかを説明します。

インターネットサービスを提供するのに不可欠なインフラ

インターネットにおいて、ホームページやブログなどの情報発信、ショッピングサイトやゲームや動画など、さまざまなサービスを提供するには、サーバーやストレージ※、データベースなど、システムを動かすためのインフラが必要です。こうしたインフラは、サービスの提供会社が何らかのかたちで用意します。これはいまも昔も変わりません。

❗※HDDやSSDなどのディスクなどのこと

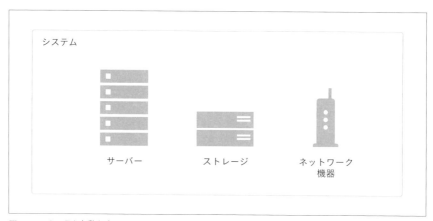

図 1-2-1　システムを動かすにはサーバーなどのインフラが必要

自社で用意するオンプレミス

　インフラを用意する単純な方法は、インターネットにつながる回線を引き込み、そこに、各社メーカーから購入したサーバーなどの設備を配線していく方法です。自社でこうした機材を用意することを「オンプレミス（on-premise）」と言います。

　ただし、購入した設備を自社内に置くことはしません。通常はデータセンターなどと契約して、そのデータセンターの施設内に設置します。自社に置かないのは、セキュリティや安定性、コストの理由からです。

■ 1. セキュリティの理由

　自社内に配置する場合、セキュリティ上の理由から入室を制限するなどして安全性を確保するのが困難です。たとえば、専用の鍵が付いた部屋などを用意しなければなりません。

■ 2. 安定性の理由

　サーバーは多くの電力を消費するので、安定した電源が必要です。また停電時に備えたバックアップ電源の確保も必要です。そしてサーバーの熱がこもらないような空調設備も必要です。

■ 3. コストの理由

　インターネットの回線を敷設しなければなりません。自社に専用の回線を敷設すると、コストがかかります。

　データセンターは、インターネットに接続する大容量の回線を引き込み、地震などの災害にも耐えられるようにした、セキュリティの高い施設（ビル）です。そこでサーバーなどの設備を自社内に置くのではなく、こうしたデータセンターと契約し、自社の設備を持ち込んで運用するのです。

　データセンターに持ち込む場合も自社が用意した設備で運用しているのに違いないので、この運用形態でも、やはりオンプレミスと言います。

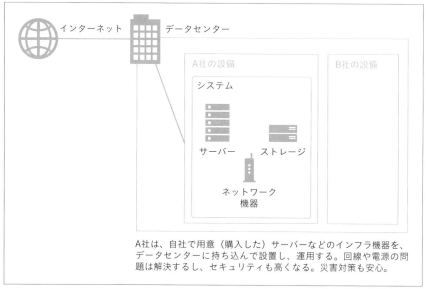

図1-2-2　データセンターを用いたオンプレミスの運用

レンタルサーバーを使った運用

　オンプレミスでインフラを構成する場合、すべてを自社で用意するわけですから、コストも時間もかかります。かつ、それを安定して運用するには、定期的な運用保守作業も必要です。

　不正な攻撃を受けても影響がないように対策したり、異常があったときはすぐに対応するといったセキュリティ対策はもちろん、運用中のデータ増大によって容量が足りなくなったときの増強、サーバーが故障したときの交換などもしなければなりません。社内に専門家がいない環境では、とても運用できません。

　そこでもっと手軽に運用できるようにするのが、レンタルサーバーです。レンタルサーバーは、事業者が用意したサーバーを借りるもので、保守管理はレンタルサーバー事業者に任せることができます。

　レンタルサーバーには、共有型と専有型の2つがあります。

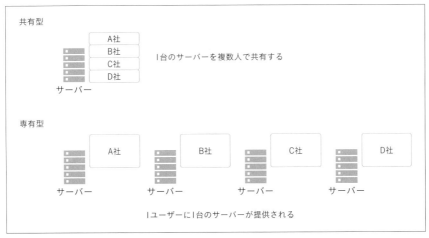

図 1-2-3　共有型と専有型

1. 共有型

　サーバーの一部を間借りする形態で、他の利用者と共有して使います。共有なので、できることに制限があります。

　たとえばセキュリティの問題などから、利用できるアプリケーションに制限が課せられています。レンタルサーバーサービスによっては、アプリケーションをまったく実行できない構成にしているものもあります。セキュリティについてさらに言うと、基本的には、同居する他のユーザーのデータを見ることはできない構成になってはいますが、レンタルサーバー側の設定ミスが発生した場合などには、そうしたデータを見ることができてしまう恐れもあります。

　また、同居しているほかのユーザーが負荷のかかる処理をすると、それに引きずられて全体の性能が低下するなど、巻き添えを食うこともあります。

2. 専有型

　サーバー1台を丸ごと借りて、専有します。共有型のような制限は、ありません。

　オンプレミスとの大きな違いは、運用保守をレンタルサーバー事業者が実施する点です。適切なセキュリティの元で運用してくれますし、サーバーが壊れた場合は、レンタルサーバー事業者が代替機を用意してくれます。

仮想サーバー（VPS）を使った運用

　レンタルサーバーは、運用の手間を省くものですが、共有型と専有型のそれぞれに、次のデメリットがあります。

■ 共有型のデメリット
　他のユーザーと共有するため、自由な構成で利用できない。

■ 専有型のデメリット
　1台丸ごと借りるため、コストが高くなる。

　こうした共有型・専有型のデメリットを解決するのが、VPS（Virtual Private Service）と呼ばれる形態のレンタルサーバーです。

　VPSは、1台のコンピュータのなかに、仮想的に複数台のコンピュータを構成できる仮想化技術を利用したサーバーです。1台のサーバーを複数のユーザーで共有するという点は、共有型のレンタルサーバーと同じです。しかし仮想化技術によって、それぞれ別の仮想的なコンピュータが割り当てられ、ほかのユーザーと隔離されます。このように仮想化されたコンピュータは、「仮想マシン」と呼ばれます。それぞれの仮想マシンは、専有型のレンタルサーバーと同じように1台丸々利用でき、好きなアプリケーションをインストールして運用できます。

　VPSは隔離されていますが1台の物理的なサーバーを共有するので、コストを共有レンタルサーバー並に抑えることができます。つまりVPSは、専有型のデメリットである、コストが高いという点を解決します。

　ただしVPSは、あくまでも仮想サーバーを借りるため、専有サーバーと違って、サーバーの構成を変更することはできず、用意されている仕様のもののいずれかから選ぶしかありません。また、仮想マシンは他のユーザーと物理的には同じコンピュータ上にありますから、別のユーザーが、とても負荷のかかる処理をしたときは、それに引きずられて処理が、若干ながら遅くなることがあります。

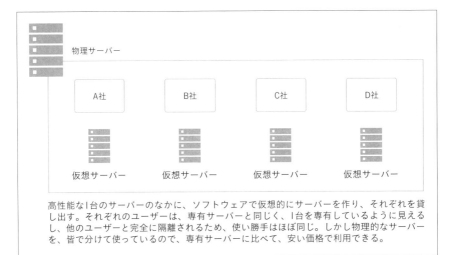

物理サーバー

| A社 | B社 | C社 | D社 |

仮想サーバー　　　仮想サーバー　　　仮想サーバー　　　仮想サーバー

高性能な1台のサーバーのなかに、ソフトウェアで仮想的にサーバーを作り、それぞれを貸し出す。それぞれのユーザーは、専有サーバーと同じく、1台を専有しているように見えるし、他のユーザーと完全に隔離されるため、使い勝手はほぼ同じ。しかし物理的なサーバーを、皆で分けて使っているので、専有サーバーに比べて、安い価格で利用できる。

図 1-2-4　仮想化技術で構成されたVPS

まとめ 🖊

- ● サービスを提供するにはサーバーなどのインフラ設備が必要
- ● 自分でインフラを用意して運用することをオンプレミスと言う。インフラはふつう、データセンターに置く。
- ● レンタルサーバーを使うとインフラを借りれる。しかし自由度は低い
- ● 仮想サーバー（VPS）は、低めのコストで好きなアプリケーションを入れられるが、サーバーの構成を変更することはできない。

Section 3
クラウドを使ったインフラの運用

クラウドサービスは、オンプレミスやレンタルサーバーに代わる、インフラの新しい提供形態です。サーバーだけでなくストレージ、データベース、そして、それらを接続するネットワーク装置など、インターネットサービスを提供するのに必要となる、あらゆるインフラ一式を瞬時に提供します。

オンプレミスやレンタルサーバーのデメリット

前節でみてきたように、オンプレミスとレンタルサーバーは、それぞれ一長一短がありますが、共通して言えるのは、「迅速かつ柔軟なインフラの構築ができない」という点です。

たとえばオンプレミスでサーバーを1台増強する場合、サーバーの発注から納品、データセンターへの設置からネットワーク回線への接続、OSなどの最低限必要なソフトウェアのインストールなどが必要で、2〜3週間かかることは珍しくありません。

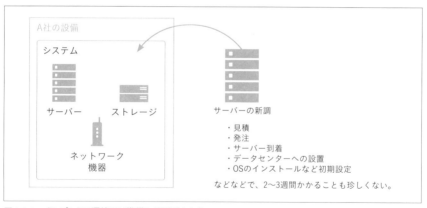

図1-3-1　オンプレミス環境では準備に時間がかかる

Point
使い始めるには初期設定が必要

　　サーバーなどのコンピュータを設置し、ネットワークの設定やOSのインストールな
ど、最低限使える状態にするまでの工程を「キッティング」と言います。データセンター
によっては、あらかじめ手順書を渡しておくとキッティング作業までを任せることがで
きることもあります。そうしたサービスを提供しているデータセンターなら、初期設定
の際に、データセンター現地に赴かなくてすみます。

　レンタルサーバーの場合は契約すればすぐに使えるので、こうした時間的な制約はあ
りません。しかしネットワークの構成という点で、問題があります。

　たとえばサーバーを1台増設したい場合を考えます。

　増設の目的が、既存のサーバーと連携して何かする場合は、1台目のサーバーと近いほ
うがパフォーマンス的に有利です。しかしバックアップ目的で使う場合は、電源の障害
や火災などの事故を避けるため、逆に遠い場所に配置したほうがよいでしょう。

　しかしレンタルサーバーは1台単位での契約なので、2台のそれぞれが、どこに配置さ
れるのかを指定することはできません。つまり複雑なネットワーク構成をとることがで
きないのです。

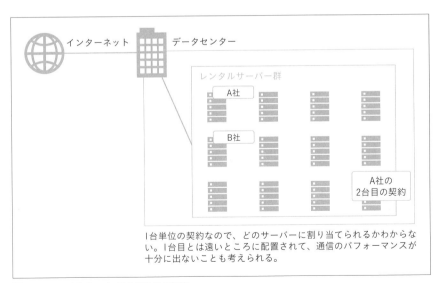

図 1-3-2　レンタルサーバーは1台単位の契約

必要なインフラ一式を、その場で作れるクラウドサービス

　こうした問題を解決するのが、クラウドサービスです。クラウドサービスは、サーバーだけでなく、ネットワークやネットワーク機器、ストレージ、データベース、監視システムなど、インターネットサービスを提供するのに不可欠な、あらゆるインフラ一式をまとめて提供するサービスです。

　クラウドサービスで提供されるものは、すべて仮想化技術を使って構成されており、Webブラウザやコマンドツールなどから操作することで、好きなように組み合わせられます。簡単に言うと、A社専用の「箱庭」が与えられて、そこに自在にサーバーやストレージ、データベースなど、さまざまな構成のインフラを作れるのです（図1-3-3）。

　このようにサーバー1台だけを貸し出すのではなくて、さまざまなものを組み合わせて利用できるというのが、従来のレンタルサーバーとの大きな違いです。そのため、より複雑で柔軟な構成で運用できます。

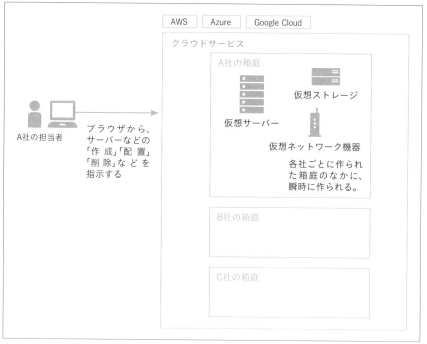

図1-3-3　自分専用の箱庭でインフラを作れるのがクラウドサービス

インフラ作りが素早く簡単に

クラウドの特徴については次節で詳しく説明しますが、大きな利点は、インフラの構築が迅速であるという点です。

本書で扱う3大クラウドサービス、AWS・Azure・Google Cloudには、Webブラウザから操作できる管理画面があります。この管理画面から操作すれば、ものの数分でネットワークを構築し、そこにサーバーを起動するというところまでできます。オンプレミスの環境に比べて、遥かに迅速で簡単です。

Webブラウザから操作できる管理画面 ▶ P.041へ

構成の変更やサーバーの増強、増設も容易です。たとえば広告などのキャンペーンをしてアクセスの増大が予想されるような場合、オンプレミス環境では、相当前から、サーバーの増強準備をしないと間に合いません。対してクラウドなら、ものの数分で増強できます。ですから、予想外に話題になって（流行言葉で言うと「バズって」）アクセスが増大したときなどにも、すぐに対応できます。そしてアクセス数が収束したら、また元に戻すのも容易です。

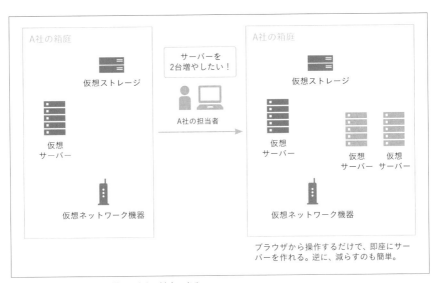

図1-3-4　突如のアクセス増にもすぐに対応できる

流動性が高いシステムほどクラウドが向く

　クラウドが向くのは、複数台で運用する場合や、とても多くのトラフィックが発生する場合、将来的に多くの負荷がかかりサーバーの増強が予想される場合など、構成が複雑だったり、流動性が高いケースです。

　逆に、負荷が一定で、これからも増大する可能性がなく、1台のサーバーで十分賄えるケースでは、レンタルサーバーを使った運用で十分なこともあります。

まとめ ✎

- クラウドはサーバーだけでなくネットワークやストレージ、データベースなど、必要となるインフラ一式をまとめて提供する
- ブラウザを使って管理画面から操作すれば、即座にインフラを作れる
- 一時的なインフラ増強も瞬時に実行できる

Section 4 3大クラウドサービスの特徴

本書では、日本国内でよく使われるクラウドサービスとして、AWS、Azure、Google Cloudの、それぞれの基本を説明していきます。これらは、どのように違うのでしょうか。その特徴を説明します。

クラウドサービスの特徴

AWS、Azure、Google Cloudの、それぞれの特徴は、次の通りです。

AWS

AWSは、Amazon Web Servicesが提供するクラウドサービスです。日本国内でのサービスの提供時期が早く、Amazon Web Services社のエバンジェリストの活躍やJAWS-UG（AWSが提供するクラウドコンピューティングを利用する人々のコミュニティ。https://jaws-ug.jp/）などのコミュニティの成果もあり、執筆時点でもっとも多くのシェアを持つクラウドサービスです。

図1-4-1　AWSの技術イベント「re:Invent」

AWSは、とてもサービスが多いのも特徴です。AWSは、毎年1回、re:Inventというイベントを開催し、その場で、新しいサービスの発表があり、年々、サービスが増えています。

Azure

Azureは、Microsoft社が提供するクラウドサービスです。

Azureの特徴は、Microsoft社が提供するため、Microsoft製の製品と組み合わせやすいという点です。たとえば、Azureで提供されるApp Serviceを使うと、Microsoft社が提供する開発フレームワーク（C#などのプログラミング言語で開発する実行環境）の.NET（旧称：.NET Core）を使ったアプリケーションのホスティングができます。そしてWindows Serverなどとの相性も良く、社内のネットワークをクラウド化したい場面では使いやすいです。

Azureにも、AWSと同様の技術イベント「de:code」が年1度開催され、そこで新しいサービスが発表されたり、機能強化されたりしていきます。

図 1-4-2　Azureの技術イベント「de:code」

Google Cloud

Google Cloudは、Google社が提供するクラウドサービスです。

Google Cloudの最大の特徴は、「BigQuery」と呼ばれるビッグデータを扱う機能があり、とても大きなデータの塊を、瞬時に集計・分析できることです。実際のシステム開発案件では、AWSやAzureとGoogle Cloudを組み合わせて、集計・分析機能だけをBigQueryが担当するという構成も、しばしば見受けられます。

またアプリケーションのホスティング機能（プログラムを実行する機能）が充実しているのも特徴で、開発者に好まれます。Google Cloudで提供される「Google App Engine」（GAE）は、PythonやGo言語、Rubyなどで書かれたプログラムを実行できる機能で、人気があり、ゲームのバックエンドシステムなどに、よく使われています。

またFirebaseというサービスを使うと、サーバー側に何かプログラムを置かなくても、データを保存することができるため、ブラウザアプリやスマホアプリなどのデータを保存する場面で重宝します。

AWSのre:InventやMicrosoftのde:codeのような大きなイベントに相当するのは、Google Cloud Nextです。こちらも年1回、催されています。

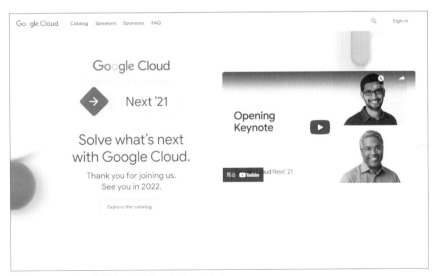

図 1-4-3　Google の技術イベント「Google Cloud Next」

クラウドサービスの選び方

はじめてクラウドサービスを使う人にとって、どのクラウドサービスを選べばよいのかは難しい問題です。さまざまな考え方がありますが、主に、次のことを基準に選ぶとよいでしょう。

情報の多さ

まずは情報の多さです。何か始めるには、書籍などで学んだり、ドキュメントを調べたりしなければなりません。

圧倒的に情報が多いのは、AWSです。書籍やブログ記事、ドキュメントなども多く取りそろえられているため、これからクラウドサービスを始める場合、迷うことが少ないでしょう。

サービスを提供する国

クラウドサービスは、国単位で展開されています。距離が遠いほどサーバーのレスポンスが遅くなるので、ユーザーに近い国で展開しているクラウドサービスを選ぶのが有利です。とはいえAWS、Azure、Google Cloudのどれも、日本で提供されているので、この点は、問題ないでしょう。

次に、その国で、いくつの拠点が展開されているかに注目しましょう。冗長性を確保したいときに重要になります。拠点は、リージョンと言います。

リージョン ▶ P.048 へ

Azureは東日本と西日本の2つのリージョンが提供されています。両リージョンを利用しておけば、大地震などの災害で片方がダメになっても、残りで運用できる可能性があります。

この点について、従来は、AWSやGoogle Cloudは遅れをとっていて、東京しかリージョンがなかったのですが、近年、どちらも大阪リージョンが追加されたため、違いはなくなりました。

開発の現場から

　本書を読み進めるとわかりますが、それぞれのクラウドサービスは、基本はあまり変わらないものの、提供される機能の種類は、それぞれで意外と違います。

　クラウドサービスは、インフラであり、そこに何かアプリケーションなどを載せて運用するのが目的です。ですから、アプリケーションが作りやすいクラウドサービスを選ぶことは必然です。有利な分野が違うので、ときには、AWS と Google Cloud を組み合わせるというように、複数のクラウドサービスで 1 つのシステムを構成することもあります。

サポートしてくれるパートナー企業で選ぶ

　クラウドサービスの導入は、なかなか難しいものです。Chapter 2 で説明するように、クレジットカードさえあれば、自分ですぐに契約してはじめられるとはいえ、ある程度の知識がなければ、導入は困難です。

　その場合は、各クラウドサービスのパートナー企業に手伝ってもらうとよいでしょう。小規模なシステムであれば、自分たちだけでできるケースも多いでしょう。しかし全社の重要なシステムをクラウドサービスに置き換えるような大規模な移行では、パートナー企業に相談したほうが、安全かつ確実です。パートナー企業については、P.040 でも説明しています。

> **まとめ** 🖊
> ● 情報量の多さはもちろん、開発の現場の意見も聞いて、どれを使うかを決定する
> ● どのクラウドも年1回の技術イベントがあり、そこで新サービスが発表されることが多い
> ● 慣れないときはサポートしてくれるパートナー企業に相談するとよい

Section 5　クラウドサービスの学び方

本書は、AWS、Azure、Google Cloudについて、まとめて一冊で学ぼうという、少し、欲張りな本です。本書を読み進めるにあたって、どういうところに着目すればよいのかを説明します。

共通となる部分を知る

3つの異なるクラウドサービスですが、考え方や仕組みは、大きく違いません。とくにChapter 2、Chapter 3で説明する基本は、どれも一緒です。呼び名や細かい機能が違うことを意識しつつ、まずは、こうした共通となる部分を習得しましょう。

独自の機能を知る

クラウドサービスで提供されている機能には、名前が違うだけでなく、そもそもの機能が違う、機能が提供されていないなど、差異があります。Chapter 4以降で説明する機能には、こうしたものが、多く含まれています。用途や役割は同じなのだけれども、動きが違うなどのものです。

基本を習得したあとは、こうした独自機能を習得していくわけですが、とはいえ、インフラでは「使うもの」としては、ある程度、決まっています。たとえば「データベース」や「ストレージ」など、大きな括りがあります。独自の機能を習得するときは、こうした機能の枠の単位で理解していくとよいでしょう。

まとめ ✏️

- 基本的な仕組みは違わないので、まずは、そこから習得する
- 提供されている機能は、クラウドサービスごとに機能の名称が異なるだけでなく、そもそもの機能が違うものも多い
- 固有の機能は、「データベース」「ストレージ」など、大きな括りで習得するとよい

Chapter 2

クラウドの仕組みと使い方

Chapter 1で説明したように、クラウドはインフラを提供するサービスです。では、どうやってクラウドを使えばよいのでしょうか。

この章では、クラウドの仕組みと使い方を説明します。

Section 1 アカウントの取得

クラウドサービスを使い始めるには、まず契約して、アカウントを取得します。アカウントを取得したら、管理画面から、さまざまな操作ができます。アカウントは即時発行されるため、思い立ったその日から始められます。

アカウントの作成

クラウドサービスを使うには、まず、アカウントが必要です（図2-1-1）。アカウントの作成は、それぞれのクラウドサービスのログインページから操作します（図2-1-2）。

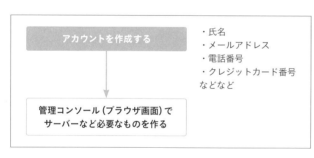

図2-1-1
クラウドサービスを
使うまでの流れ

図2-1-2
アカウントを取得する
画面の例

どのクラウドサービスも、氏名とメールアドレスが必須です。それ以外に、本人確認のための電話番号やクレジットカードが必要なサービスもあります（表2-1-1）。

電話番号が必要なのは、本人確認のためです。本人確認の手順では、登録の途中でSMSメッセージ（もしくは音声）が届きます。その番号を登録画面に入力することで、利用者が実在するかが確認されます（図2-1-3）。

図2-1-3　電話を使った本人確認

表2-1-1　クラウドサービスのアカウント作成に必要なもの

	AWS	Azure	Google Cloud
URL	https://aws.amazon.com/	https://azure.microsoft.com/	https://console.cloud.google.com/
メールアドレス	必要	必要	必要
本人確認の電話番号	必要	必要	必要
クレジットカード	必要	必要	不要
その他、特記事項	Amazonのアカウントとは別	Microsoftアカウントと同じ。OneDriveなどを利用しているのなら、そのアカウントを利用できる	Googleアカウントと同じ。Gmailなどを利用しているのなら、そのアカウントを利用できる

課金とクレジットカード

　登録にクレジットカードが必要なのは、本人確認と料金引き落としという2つの目的のためです。

■ 1. 本人確認
　クレジットカード会社の承認を通すことで、実在するかどうかを確認します。

■ 2. 料金の引き落とし
　「Chapter2-7　クラウドサービスの料金」で説明しますが、クラウドサービスは使った分だけ支払う従量制です。登録したクレジットカードは、利用料金を引き落とすのに使われます。

　ただし、どのクラウドサービスも、加入してから一定期間または一定金額の無料使用分があり、無料の範囲内で利用しているのであれば、クレジットカードから引き落とされることはありません。

　AzureとGoogle Cloudでは、管理者メニューから明示的に課金開始操作をしない限りは、無料の範囲を超える有料サービスが使えません。ですから明示的に有料サービスに切り替える操作をしない限り、クレジットカードを登録しても課金されることはありません。（図2-1-4）。しかしAWSでは、最初から無料のものも有料のものもどちらも使えます。無料サービス外の機能を使うと、すぐに課金されるので注意しましょう（図2-1-5、表2-1-2）。

図 2-1-4　AzureやGoogle Cloudでは、明示的に課金開始しない限り、管理画面からは有料機能を使えない
（画面は上がAzure、下がGoogle Cloud）

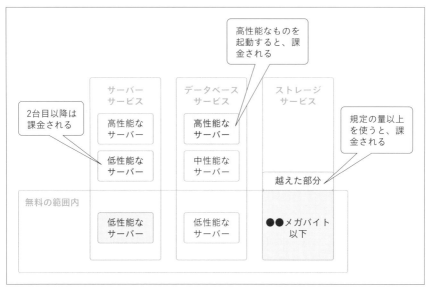

図 2-1-5　AWSでは無料範囲外の機能を管理画面から選ぶと、課金が発生する

表 2-1-2　クラウドサービスが提供する無料サービス

	AWS	Azure	Google Cloud
無料の考え方	1年間。特定サービス	①30日間。一定金額以内 ②1年間。特定サービス	①期間制限なしの特定 サービス（Always Free） ②1年間。一定金額以内
課金の開始	有料サービスを使ったらすぐ	明示的に課金開始したあと（課金開始前は、有料サービスを選択できない）	明示的に課金開始したあと（課金開始前は、有料サービスを選択できない）

Point

クレジットカードを持っていないときは

　AWSとAzureでは、アカウント作成の段階でクレジットカードが必要です。法人の場合は、あとから申請することで、支払いを請求書払いにすることもできるのですが、アカウントの作成の際には、（無料で使える範囲で使う場合であっても）クレジットカードが必要です。

　クレジットカードを持っていない場合は、コンビニなどで購入できる、プリペイド型のクレジットカードなどを使うとよいでしょう。

アカウント作成後にすべきこと

アカウントを作成すると、管理コンソール（P.041）と呼ばれる管理画面にアクセスして、実際にクラウドサービスの操作ができるようになります。

ログインするときのアカウントは、メールアドレスとパスワードです。これらが漏洩すると、第三者によって勝手にクラウドサービスの設定が変更されてしまう恐れがあるだけでなく、高価なクラウドサービス機能がオンにされ、膨大な課金が発生する可能性があります（たとえば、高性能なサーバーを使ってビットコインなどの仮想通貨の発掘に使われる可能性があります）。

ですからアカウントのパスワードは複雑にし、厳重に管理すべきという点は、言うまでもありません。しかしいくら厳重に管理したとしても、パスワードが破られてしまう恐れもあります。

そこで安全のため、アカウント作成後には、次の2つの設定をするようにします。

■ 1. 多要素認証を有効にする

クラウド事業者によっては、パスワードに加えて、都度ランダムな番号を作ってスマホでSNSメッセージを受け取り、それを入力しないとログインできないようにする方法や、ランダムに数字が表示される機器やスマホアプリを併用したりすることで、セキュリティを高められる設定ができるものがあります。

こうした機能を総じて多要素認証（MFA）と言い、有効にすることで安全性を高められます。詳細は、「Chapter 6-2　ユーザーとグループ、権限」で説明します。

■ 2. 課金アラートを設定する

クラウドサービスには、予想外の課金を避けるため、あらかじめ設定した金額を上回る（もしくは上回りそう）なときに、警告メールを送信する機能があります。

こうした機能を有効にしておくことで、第三者が勝手に利用するだけでなく、自分が間違って高額なサービスを有効にしたときにも、すぐに気づくことができるようになります。詳細については、「Chapter2-7　クラウドサービスの料金」で説明します。

Point

パートナー企業に依頼する

　この節で説明したように、クラウドサービスをはじめるには、自分でアカウントを作ってはじめていくのが基本です。しかし企業などで導入する場合は試行錯誤で試すわけにもゆかず、心配ごとも多いことでしょう。

　そうしたときには、各種クラウドサービスの導入支援をしているパートナー企業に依頼するとよいでしょう。パートナー企業では、クラウドサービスの導入コンサルティングから、請求代行（クレジットカード以外での支払い）、クラウドサービスを利用した各種システムの導入・開発まで、幅広くサポートしてくれます。

　パートナー会社一覧は、Googleなどの検索エンジンで、「AWS パートナー 一覧」「Azure パートナー 一覧」「Google Cloud パートナー 一覧」などの語句で検索すると見つかるはずです。

図2-1-7　パートナーを探せるページ（AWS）

まとめ ✏

- ● アカウントの取得には電話やメッセージでの本人確認が必要。クレジットカードが必要なこともある
- ● どこから料金が発生するかはクラウドサービスにより異なる
- ● アカウント作成後は認証とアラートの設定を行おう

Section 2 管理コンソールをはじめとした クラウドの操作

アカウントを作成したら、クラウドを使い始めることができます。クラウドは、いくつか
の方法で操作できますが、もっともわかりやすく幅広く使われているのが、ブラウザを
使って操作する方法です。

ブラウザで操作する

　クラウドは、ブラウザから操作できます。アカウント情報（ユーザー名とパスワード）
を入力すると、クラウドを操作するメイン画面が表示されます。ブラウザから操作する
画面は「管理コンソール」などと呼ばれます（表2-2-1、図2-2-1〜図2-2-3）。

表2-2-1　管理コンソールの名称

	AWS	Azure	Google Cloud
管理コンソールの名称	マネジメントコンソール	Azure Portal	Cloud Console

図2-2-1　クラウドは管理コンソールから操作する（AWSの管理コンソール）

図 2-2-2　Azure の管理コンソール

図 2-2-3　Google Cloud の管理コンソール

サービスごとに管理メニューがある

　クラウド事業者によって管理コンソールの画面の構成は異なりますが、「サーバー」
「データベース」「ネットワーク」「ネットワーク機器」「ユーザーやグループ」など、それ
ぞれのサービスのメニューに分かれており、メインとなる画面から、それぞれのサービ
スのメニュー画面に移行して操作します（図2-2-4〜図2-2-6）。

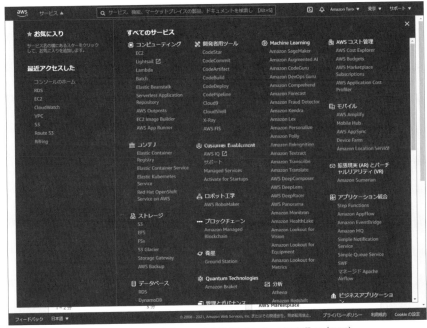

図 2-2-4　さまざまなカテゴリに分かれており、ここから操作したいサービスを選ぶ（AWS）

図 2-2-5　仮想サーバーを操作するメニューの例（AWS）

図 2-2-6　ストレージを操作するメニューの例（AWS）

コマンドやツールからの操作

　管理コンソールは操作がわかりやすい反面、操作にはブラウザが必要ですしマウス操作が煩雑と感じることもあります。そこでクラウドサービスには、コマンドだけで操作できるツールも提供されています。

　たとえばAWSでは、AWS CLIというツールが提供されていて、それを自分のパソコンにインストールすると、「aws」というコマンドを使って、AWSを操作できます（表2-2-2、図2-2-7）。

表2-2-2　クラウドサービスで提供されるコマンドツール

	AWS	Azure	Google Cloud
コマンドツールの名称	AWS CLI	Azure CLI	gcloud CLI

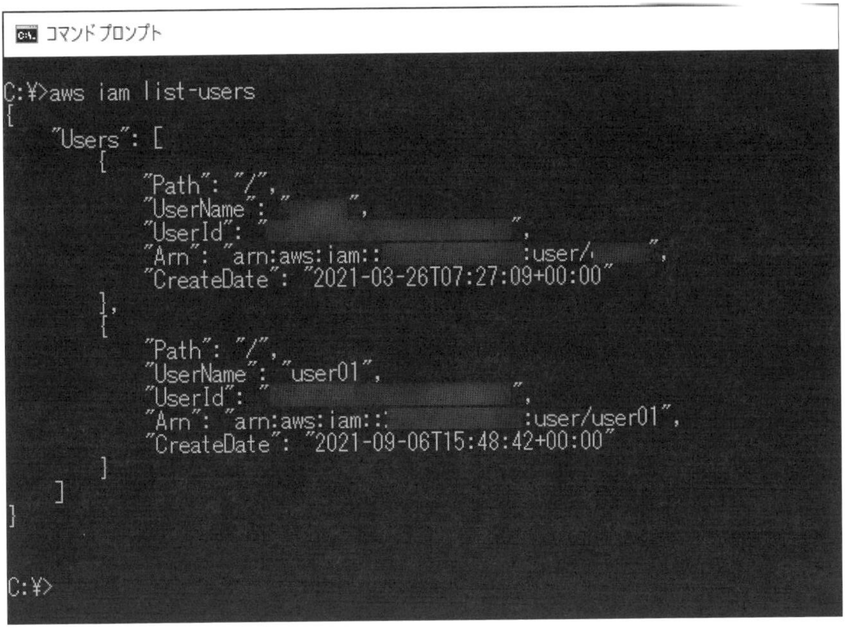

図2-2-7　コマンドラインからクラウドサービスを操作する

純正ツール以外からの操作

　クラウドサービスは、表2-2-2で紹介した純正ツール以外からも使えます。たとえばファイルをコピーするツールなどには、クラウドサービスに対応しているものがあります。そうしたものでは、そのツールにクラウドサービスのアカウント情報を設定すると、ドラッグ＆ドロップ操作で簡単にファイルコピーする操作ができます（図2-2-8）。サードパーティ製のツールについてはP.142でも紹介します。

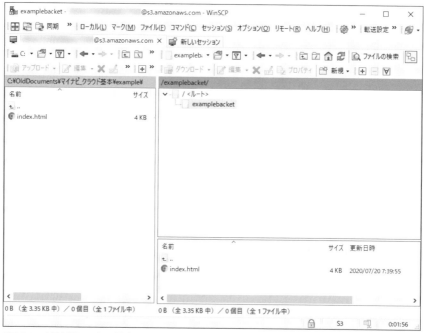

図2-2-8　クラウドサービスに対応したツールの例（S3に対応しているWinSCPというソフトウェア）

まとめ ✎

- ● クラウドの操作は基本的には管理コンソールで行う
- ● サービスごとにメニューが分かれている
- ● 操作をコマンドで行うツールも用意されている

ブラウザからコマンドを使う

　コマンドを使ったクラウド操作は、細かいところまで操作しやすい反面、コマンドを自分のPCにインストールし、適切な設定をしなければ使い始められません。そこでクラウド事業者は、ブラウザから簡単にコマンド入力できる機能を提供し始めました。こうした機能を「Cloud Shell」と言います（表2-2-3）。

　Cloud Shellは、管理コンソールから開けるコマンド入力画面です（図2-2-9）。その実体は、小さなLinux仮想マシン（ただし、一定時間が経過すると保存したデータが失われるなど制限がある）で、クラウドを操作するためのツールだけでなく、基本的なLinuxコマンドも含まれています。

表2-2-3　Cloud Shell

	AWS	Azure	Google Cloud
Cloud Shellの名称	AWS CloudShell	Azure Cloud Shell	Google Cloud Shell

図2-2-9　AWS CloudShell

Section 3 リージョン

クラウドサービスは、各国のそれぞれの拠点で展開されています。クラウドサービスを操作するときは、どの拠点にあるものを操作するのかを選択します。

クラウドサービスの拠点となるリージョン

クラウドサービスは、日本、米国、欧州など、さまざまな地域で展開されています（表2-3-1）。こうした地域のことを「リージョン（region）」と言います。管理コンソールなどからクラウドを操作するときは、どのリージョンを操作するのかを選びます（図2-3-1）。

表2-3-1　リージョン

	AWS	Azure	Google Cloud
リージョン	米国東部（オハイオ） 米国東部（バージニア北部） 米国西部（北カリフォルニア） 米国西部（オレゴン） アフリカ（ケープタウン） アジアパシフィック（香港） アジアパシフィック（ムンバイ） アジアパシフィック（大阪：ローカル） アジアパシフィック（ソウル） アジアパシフィック（シンガポール） アジアパシフィック（シドニー） アジアパシフィック（東京） カナダ（中部） 欧州（フランクフルト） 欧州（アイルランド） 欧州（ロンドン） ヨーロッパ（ミラノ） 欧州（パリ） 欧州（ストックホルム） 中東（バーレーン） 南米（サンパウロ）	米国東部、米国東部2、米国中北部、米国西部、米国中西部、米国西部2、米国中南部、米国中部 カナダ東部、カナダ中部 ブラジル南部 メキシコ中部 西ヨーロッパ、北ヨーロッパ フランス南部、フランス中部 英国西部、英国南部 ドイツ4か所 スイス西部、スイス北部 ノルウェー西部、ノルウェー東部 スペイン中部 Poland Central Italy North 東アジア、東南アジア オーストラリア4か所 中国4か所 インド3か所 西日本、東日本 韓国南部、韓国中部 New Zealand North 南アフリカ西部、南アフリカ北部 イスラエル中部 アラブ首長国連邦中部、アラブ首長国連邦北部 カタール中部	オレゴン ロサンゼルス ソルトレイクシティ ラスベガス アイオワ サウスカロライナ 北バージニア モントリオール サンパウロ ロンドン ベルギー オランダ チューリッヒ フランクフルト フィンランド ムンバイ シンガポール ジャカルタ 香港 台湾 東京 大阪 シドニー ソウル 南北アメリカ ヨーロッパ アジア太平洋

❶ 表2-3-1は、それぞれの公式サイトから2021年5月時の情報をもとに、一部編集して掲載。正式な情報は各公式サイトでご確認ください。

図 2-3-1 どのリージョンを操作するのかを選択する

リージョン間を勝手に動くことはない

　ブラウザから、サーバーやデータベース、ネットワーク、ネットワーク機器などを作成する操作をすると、選択したリージョンに置かれます。一度、設置したら、それは別のリージョンに勝手に移動することはありません。たとえば、日本のリージョンにサーバーを設置した場合、そのサーバーが海外に移動してしまうことは、ありません。

　ときどき、クラウドにデータを置くと、それが海外に流出してしまうと噂されますが、リージョンという概念があるクラウドサービスでは、そうしたことは、ありません（図2-3-2）。ただしサービスによってはリージョンの選択肢がないものもあります。そうしたものは、海外のサーバーにデータが置かれることになるので注意します。

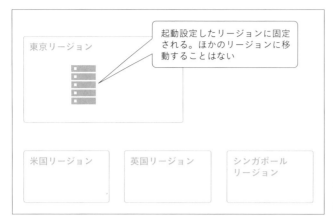

図2-3-2
あるリージョンに置いたら、そのリージョンから移動することはない

起動設定したリージョンに固定される。ほかのリージョンに移動することはない

東京リージョン

米国リージョン　　英国リージョン　　シンガポールリージョン

Point

日本への配慮が進むクラウドサービス

　クラウドサービスを使う場合、データの海外流出は、もっとも懸念される問題のひとつです。クラウド事業者も、それを意識しており、さまざまなサービスが日本国内のリージョンに対応しはじめています。

　たとえばGoogle Cloudが提供する、ビッグデータを扱う「BigQuery」（P.163参照）というサービスは、もともと米国か欧州にしかデータを置くことができませんでした。しかし2018年4月に東京リージョンにデータを置くことができるようになり、そこに置くように設置した場合、海外にデータが移動するようなことはなくなりました。

適切なリージョンの選び方

　表2-3-1に示したように、クラウドサービスには、たくさんのリージョンがあります。どれを選択すればよいのかは、以下の基準で決めます。

法律をはじめとした制約

　まずは法律的に、特定の国でしか運用できないかどうかを判断します。もしそうした制約があるときは、それに従うしかなく、利用できるリージョンが、自ずと限られます。

　日本のユーザーを対象とする場合は、（別途、案件によって制約を設けていない限り）あまり大きな制約はありませんが、EU地域にサービスを提供する場合は、「一般データ保護規則（GDPR）」があり、EU領域で収集したデータを、EU域の外で管理できない可能性があります。

　企業では、法務と相談することになると思いますが、詳細については、「データローカライゼーション」というキーワードで調べると、いくつか例が見つかるはずです。

Point

「準拠法」に注意しよう

　リージョン選びだけでなく、そもそもクラウド事業者選びの問題として、準拠法があります。

　クラウドサービスを利用するには、利用規約に同意することになりますが（あまり意識していないかもしれませんが、アカウントを作成した時点で、その利用規約に同意したことになっています）、利用規約のなかには、準拠法や裁判になった場合の裁判所についての記載があります。

　Azureの場合は日本法です。AWSの場合は既定は米国ですが、管理コンソールから日本法に変更できます（https://aws.amazon.com/jp/blogs/news/how-to-change-aws-ca-by-artifact/）。Google Cloudの場合は米国法であり、それ以外に変更できません。

　こうした理由から、案件によっては、Google Cloud自体が、そもそも選択できない可能性もあります（ただし官公庁や公共機関の場合は、調達条件によっては東京地方裁判所に設定できることがあります）。

リージョンで提供されるサービス

　リージョンによって、提供されるサービスが一部異なることがあります。実際、東京のリージョンでは提供されておらず、米国など他のリージョンでしか提供されていないサービスもあります。そうしたサービスを使いたいときは、そのサービスが提供されているリージョンのなかから選ぶしかありません。

ユーザーとの距離

　次に判断すべきは、ユーザーとの距離です。

　クラウドサービスは、そこで何かシステムを動かして、ユーザーに機能を提供する目的で使うはずです。リージョンがユーザーから遠いほど、応答速度が遅くなります。この応答速度のことを「レイテンシ（latency。遅延）」と言います。たとえば、国内のユー

Chapter 2

ザーに提供するのに、海外のリージョン上でシステムを運用すると、その分だけ、応答速度が遅くなります。ですから国内向けの機能を提供するのであれば、国内のリージョンを使うのが理想です（図2-3-3）。

図2-3-3 機能を提供するユーザーに近いリージョンを選ぶ

 Point どのぐらいのレイテンシが発生するの？

データは電気信号によって送受信されます。伝送速度は光と同じで、1秒間におよそ地球を7周半。1秒間に約30万キロメートルです。これは、とても速く感じるかもしれませんが、無視できるほど速いわけではありません。

たとえば日本の首都である東京と、米国バージニア州の首都リッチモンドの距離は、およそ10000キロメートルです。この距離を通信しようとすると、10000キロ÷30万キロ＝0.03秒かかります。たとえ回線が混んでいなくても、物理的な距離によって、これだけのレイテンシが、最低でも発生します。実際には、距離が遠いほど、多段の機器を通るため、そこを通過する際の遅延も発生します。ですから実際は、もっともっとレイテンシは大きくなります。

料金

最後に料金を検討します。サービスの料金は、リージョンによって異なるので（地域によって、土地代や運用に必要な人件費や電気代などが違うからです）、コストを抑えたい場合は、価格が安いリージョンを選択するのもよいでしょう。

複数のリージョンを組み合わせた大規模災害対策

リージョンという概念は、ふだんの運用だけでなく、大規模災害を想定するときにも、重要です。

局所災害が起きてもサービスを継続できるようにする

クラウドサービスが提供するサーバーやネットワーク機器が実際に置かれている場所は、第三者が入室できないように厳重な警備がされていますし、地震・火災・停電などにも耐えられるような構造がとられています。

しかしそれでも、その地域全体が被害を受けるような大災害のときは、さすがに停止してしまいます。こうした大災害に備えるには、複数のリージョンで運用し、特定の地域が大災害を起こしても、別のリージョンでサービスを継続できるようにします（図2-3-4）。

どのリージョンを組み合わせるのが適切なのかは、運用方針によって決めます。AWS、Azure、Google Cloudのどれも、東京近郊と大阪近郊の2カ所のリージョンが提供されているため、その2つを組み合わせることで災害対策をとれます。しかしもし、東京も大阪も壊滅的となる大災害まで想定するのなら、日本のリージョンと海外のリージョンを組み合わせなければなりません。

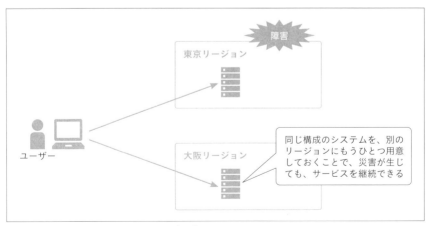

図2-3-4　複数のリージョンで運用して大災害に備える

Point

DR計画

　実際に大災害が発生することを想定して設計し、そこから復旧するまでの計画を「ディザスタリカバリ計画（Disaster Recovery）」、略して「DR計画」と言います。

　大災害が発生したときに、「どの時点まで戻れるのか（RPO。目標復旧時点）」と「どのぐらいの時間で復旧できるのか（RTO。目標復旧時間）」によって、求められるDR計画と設計が異なります。

　たとえば、災害直前の状態まで戻さなければならないのであれば、常時、別のリージョンにデータをリアルタイムで転送する必要がありますが、前日まで戻すので十分であれば、毎日バックアップをとるだけで済みます。そして復旧までの時間が即時であることが求められるなら、別のリージョンにまったく同じシステムをすぐに動くように待機させておく必要がありますが（その分、コストがかかります）、翌日の復旧で十分なら、待機しておかず、別のリージョンでサーバーなどを新規に作り直してバックアップから復元するという選択肢もあります。

まとめ ✏️

- ● サービスが展開されている地域のことを「リージョン」という
- ● あるリージョンに置いたデータはほかの地域には移動しない
- ● リージョンは、提供サービスや料金、準拠法などを考慮して選ぶ

Section 4 ゾーン

冗長構成をとれるようにするため、リージョンは、さらにいくつかの拠点に分かれて構成されています。それがゾーンです。

データセンターの単位となるゾーン

　Chapter2-3では、クラウドサービスが、それぞれの国や地域を単位としたリージョンとして提供されていると説明しました。実は、このリージョン、さらに、いくつかの拠点に分かれます。この拠点のことを「ゾーン」などと呼びます。呼び名は、表2-4-1に示すようにクラウドサービスによって異なりますが、以下本書では、「ゾーン」と統一して呼ぶことにします。

表2-4-1　ゾーンの呼び名

	AWS	Azure	Google Cloud
ゾーンの呼び名	アベイラビリティゾーン （Availability Zone。 以下、AZ）	可用性ゾーン （Availability Zone）	ゾーン（Zone）

　たとえば東京リージョンは、実際には、「東京都のA区にある拠点」「東京都のB区にある拠点」「千葉県のC市にある拠点」など、いくつかの拠点で構成され、ひとつのリージョンを構成しています（図2-4-1）。

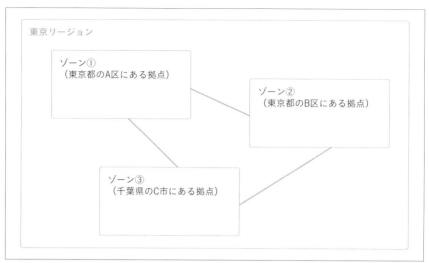

図 2-4-1 ひとつのリージョンは複数のゾーンで構成される

ゾーンを分けて冗長化する

それぞれのゾーンは、地理的な場所がある程度、離れており、電気系統やネットワーク回線も独立しています。つまり、あるゾーンで停電などが起きても、別のゾーンは稼働し続けられる構成になっており、リージョン全体が停止してしまう状態を防いでいます。

冗長構成にしたいときは別のゾーンに配置する

サーバーを構築するときは、1台のサーバーが壊れても、システム全体が止まらないようにするため、2台以上のサーバーを構築して、冗長構成をとることがあります。この場合、それぞれのサーバーを別のゾーンに配置するように構成することが重要です。

詳しくは Chapter 3 で説明しますが、クラウド上にサーバーを構築するときは、どのリージョンのどのゾーンに設置するのかを明示的に指定します。このとき、同じゾーンに設置してしまうと、万一、配置したゾーンが障害を起こした場合、どちらも使えなくなってしまうので、冗長にしたいという目的を果たしません（図2-4-2）。

ゾーンは不変

リージョンと同様に、ゾーンも不変です。明示的に、あるゾーンにサーバーを設置した場合、それが勝手に、別のゾーンに移動することはありません。

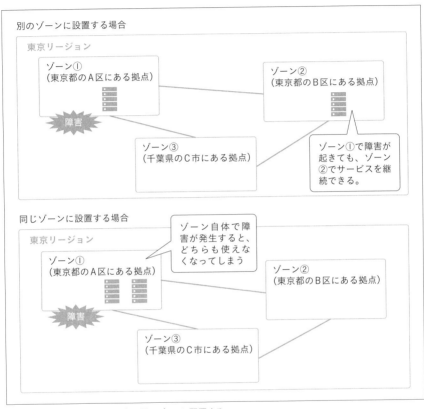

図 2-4-2　冗長構成にしたいときは別のゾーンに配置する

ゾーンを指定しないサービス

いま説明したように、クラウド上にサーバーを構成する場合はゾーンを明示的に指定しますが、明示的に指定しないサービスもあります。

たとえばストレージサービス（ファイルを保存するサービスのこと。「Chapter 4-1　ストレージ」を参照）は、ゾーンを指定しません。これは、ストレージサービスが、すでに内部的に複数のゾーンに置かれたサーバーで構成されているためです。そのためゾーンを明示的に選ぶことはないものの、万一、どこかのゾーンで障害が発生したとしても、保存したファイルが失われてしまうようなことはありません（図2-4-3）。

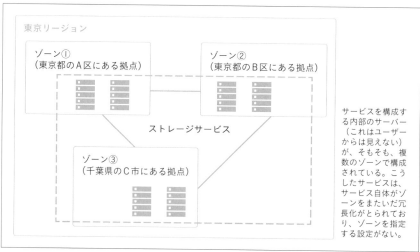

サービスを構成する内部のサーバー（これはユーザーからは見えない）が、そもそも、複数のゾーンで構成されている。こうしたサービスは、サービス自体がゾーンをまたいだ冗長化がとられており、ゾーンを指定する設定がない。

図2-4-3　ゾーンを指定しないサービスもある

まとめ 🖉

- リージョンは、ゾーンに分かれている
- ゾーンを分けた冗長構成が可能。サーバーを構築するときに指定する
- ゾーンを指定しないサービスもある

Column

ゾーン名と場所の関係は
クラウドサービスの利用者によって異なる

　詳しくはChapter 3で説明しますが、ゾーンには名前が付いていて、サーバーを構築するときは、どのゾーンなのかをプルダウンメニューから選びます。たとえばAWSの場合、東京リージョンには4つのゾーンがあり、図2-4-4に示す画面で選びます。

図2-4-4　ゾーンを選択する

　ゾーン名は「ap-northeast-1a」「ap-northeast-1b」「ap-northeast-1c」「ap-northeast-1d」ですが、クラウドサービスの利用者によって、ゾーン名と拠点との対応が違います（ap-northeast-1bは昔からAWSを使っているユーザーだけが見えます）。たとえば、ある利用者Aで表示されている「ap-northeast-1a」は「東京都A区」ですが、別の利用者Bで表示されている「ap-northeast-1a」は「東京都B区」かもしれません（図2-4-5）。

次ページに続く

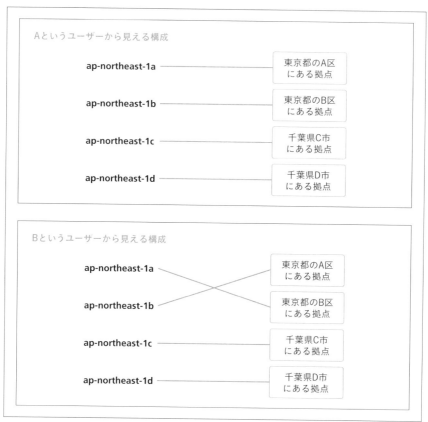

図 2-4-5　利用者によってゾーン名と拠点の対応が異なる

　これは利用者がプルダウンメニューを選ぶときに、心理的に一番上のものを選ぶ傾向があるため、固定にすると、一番上に表示された拠点だけ混雑してしまう可能性があるからです。利用者によって、ゾーン名と拠点との対応を変えることで、それぞれの拠点に均等にサーバーなどが配置されるようにするための工夫です。

Section
5

リソースと
インスタンス、アイコン

クラウド上で扱うサーバーやデータベース、ネットワーク機器などは、リソースと呼びます。リソースは、わかりやすいアイコンで表記するのが慣例です。

リソース

　クラウドを使ってシステムを構成するときは、「サーバー」「データベース」「ネットワーク」「ネットワーク機器」など、さまざまなモノを組み合わせて使います。こうしたクラウドサービスで扱うモノのことを総じて、「リソース（Resource）」と言います。リソースには、インフラを構成する機器だけではなく、「アクセスできるユーザーやグループ」「セキュリティの設定」など、クラウドサービスで管理されるものすべてを含みます（図2-5-1）。

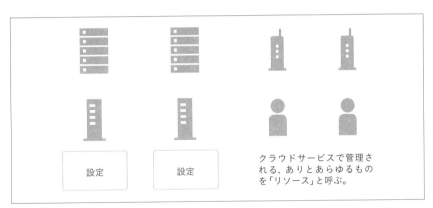

クラウドサービスで管理される、ありとあらゆるものを「リソース」と呼ぶ。

図2-5-1　リソース

インスタンス

　リソースと似た言葉として、「インスタンス（Instance）」という言葉があります。これは、モノ1つのことを指す用語です。

　たとえばクラウドサービスで、サーバーを2台構築するとします。このとき、それぞれのサーバーのことを「インスタンス」と呼びます。簡単に言えば、「ひとつ、ふたつ」と数えられるモノのことです。

　こうした言い方をするのは、「サーバー」と呼んだ場合、それが「サーバーのサービスのことを言っているのか」「1台1台の個別の機器のことを言っているのか」という区別がつきにくいからです。

　インスタンスという用語は、少しわかりにくいので、自分から積極的に使う必要はありませんが、クラウドについて語るときは、必ず出てくる用語です。インスタンスという言葉を聞いたら、「ひとつ、ふたつと数えられる、それぞれのモノのこと」だと思ってください（図2-5-2）。

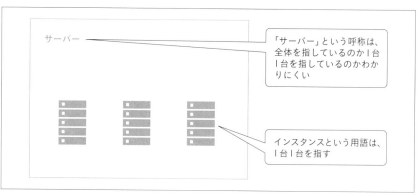

図2-5-2　インスタンス

アイコンによる表記

　クラウドサービスでは、サービスやインスタンスをアイコンで表記することがあります。こうしたアイコンは、それぞれのクラウド事業者が公式で配布しています（表2-5-1）。

表2-5-1　クラウドサービスのアイコン

	AWS	Azure	Google Cloud
アイコンの呼び名	シンプルアイコン	アーキテクチャ アイコン	ソリューションアイコン
配布元	https://aws.amazon.com/jp/architecture/icons/	https://docs.microsoft.com/ja-jp/azure/architecture/icons/	https://cloud.google.com/icons?hl=ja

　クラウドサービスを使ったインフラの構成図でよく出てくるので、代表的なアイコンは、何を指しているのかを知っておいたほうがよいでしょう（図2-5-3）。

図2-5-3　アイコンによる表記の例

まとめ 🖊

- ● サービスで使うモノを総じて「リソース」と呼ぶ
- ● サービスで扱うモノ1つずつを「インスタンス」と呼ぶ
- ● クラウド事業者ごとに、リソースを表すアイコンがある

Section 6 アンマネージドサービスと マネージドサービス

クラウドサービスには、自分で管理しなければならないサービスと、クラウド事業者が管理してくれるサービスがあります。前者がアンマネージドサービス、後者がマネージドサービスです。

自分で作るサービスと用意してくれるサービス

　クラウドサービスには、自分で設定から管理までしなければならないものと、あらかじめ設定されていてすぐに使えるものの2種類があります。

アンマネージドサービス

　自分で設定から管理までしなければならないものを「アンマネージドサービス」と言います。アンマネージドとは、日本語で言えば、「管理されていない（マネージド＝managed。管理されている。アン＝un。否定型）」という意味です。

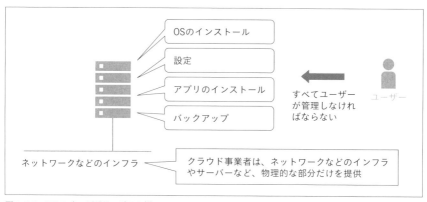

OSのインストール
設定
アプリのインストール
バックアップ

すべてユーザーが管理しなければならない

ユーザー

ネットワークなどのインフラ

クラウド事業者は、ネットワークなどのインフラやサーバーなど、物理的な部分だけを提供

図 2-6-1　アンマネージドサービスの例

アンマネージドサービスの代表格が、いわゆるサーバーです。サーバーは、構築したあと、使えるようにするには、OSやアプリケーションのインストール、設定をしなければなりません。さらに必要に応じて、バージョンアップやバックアップなどの保守作業もしなければなりません。こうした、インストールなどの初期作業、バージョンアップやバックアップなどの運用作業を自分で実施する――クラウド事業者側ではやってくれない――というのが、ここで言う「管理されていない」という意味合いです（図2-6-1）。

マネージドサービス

アンマネージドサービスに対して、クラウド事業者側で初期作業や運用作業をしてくれるのが、マネージドサービスです。クラウドには、実にさまざまなマネージドサービスがあります（表2-6-1）。

表2-6-1 主なマネージドサービス

	AWS	Azure	Google Cloud
データベース	Amazon RDS　他	Azure Database　他	Cloud SQL　他
ストレージ	Amazon S3　他	Azure Storage　他	Cloud Storage　他
機械学習	Amazon Lex、Amazon Rekognition、Amazon Textract他多数	Azure Machine Learning、Azure Cognitive Services他多数	Vision AI、Video AI他多数
データ分析	Amazon Redshift	Azure Synapse Analytics	BigQuery
	Amazon QuickSight　他	Power BI　他	Cloud Composer　他

わかりやすい例で言えば、ストレージサービスです。ストレージサービスを設定すると、「ファイル置き場」がひとつ作られ、そこに自由にファイルを置くことができます。利用者は、そのファイル置き場が、どのような構成になっているかを考える必要はありませんし、ましてや、バージョンアップなどの保守作業も必要ありません。念のためバックアップをとることはお勧めしますが、バックアップをたとえとっていなかったとしても、「Chapter2-4　ゾーン」で説明したように、複数のゾーンに分かれていて冗長化しているため、障害発生によって保存したファイルがなくなってしまう可能性は、とても低いです（図2-6-2）。

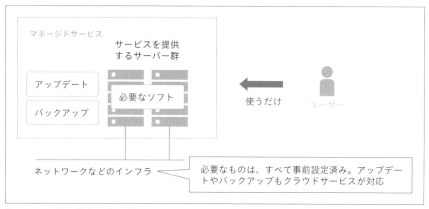

図 2-6-2　マネージドサービスの例

責任分界点

　アンマネージドサービスとマネージドサービスとの違いは、どこまでをクラウド事業者が担当してくれて、どこからを自分が担当するのかという、担当領域の違いでもあります。担当領域は、どこまで責任を持つかという意味でもあり、この境界となる部分を「責任分界点」と言います。

　アンマネージドサービスの場合、利用者の責任が最も大きくなります。マネージドサービスの場合、分界点がどこになるのかはサービスの種類によって異なります（図2-6-3）。

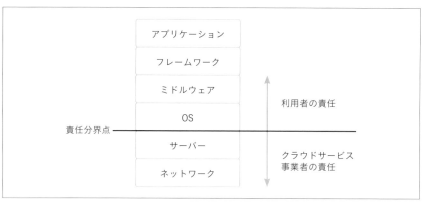

図 2-6-3　アンマネージドサービスの責任分界点

IaaS、PaaS、FaaS、SaaS

クラウドで提供されるサービスは、どこまでをクラウド事業者が提供するのかによって「IaaS」「PaaS」「SaaS」「FaaS」という呼び方がされます。それぞれ、責任分界点が異なります（図2-6-4）。

■ 1. IaaS（Infrastructure as a Service）

ネットワークなどのインフラだけをクラウド事業者が提供します。アンマネージドサービスは、この形態です。

■ 2. PaaS（Platform as a Service）・FaaS（Function as a Service）

OSやアプリケーションの実行環境までをクラウド事業者が提供します。利用者は、実行したいプログラムを、このサービス上に置くだけで実行されるように構成できます。たとえば、AzureのWeb AppsやGoogle CloudのApp Engineなどです。

PaaSのうち、関数型のプログラムで実行されるものを、とくに「FaaS」と言います。たとえばAWSのLambdaやAzureのAzure Functions、Google CloudのCloud Functionsなどが、その代表です。

■ 3. SaaS（Software as a Service）

サービスとして提供され、利用者はすぐに利用できるようなものです。各種ストレージサービスが、その代表です。

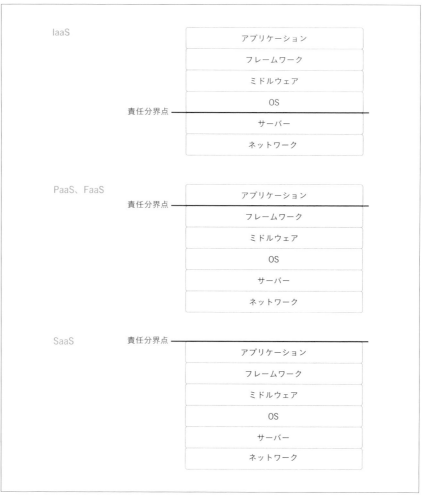

図2-6-4　IaaS、PaaS、FaaS、SaaSの責任分界点

- 自分で設定・管理するサービスを「アンマネージドサービス」という
- クラウド側が設定・運用をしてくれるのは「マネージドサービス」
- ユーザーとクラウド側の責任範囲の境界を「責任分界点」という

Column
マネージドサービスは障害が起きても手出しできない

　責任分界点は、現実世界にもあります。たとえば、水道・電気・ガスなどのインフラです。水道は市区町村から引き込まれていますが、道路の下を通っている幹線は市区町村の責任、敷地に入ればそれぞれの家の責任です。幹線の破裂は、市区町村が修理してくれます。老朽化に伴う交換やメンテナンスも、ふだん私たちが気にすることはありません。

　ここで着目したいのは、幹線が破裂した場合、我々にできることは、復旧を待つしかないということです。すぐに水が使いたいからといって、応急処置したり、他の水道管をつないで水を持ってきてしまうようなことはできません。自分の責任外のことは、手出しできないのです。

　クラウドのマネージドサービスも、これと同じです。マネージドサービスが障害を起こしたとき、私たちにできることは、復旧が完了するまで待つことだけです。運用を任せられるのはとても楽ですが、「全部の障害解決はあとでもいいけれども、どうしても、このデータだけ先に取り出したい」など、応急処置的な運用は、できなくなります。

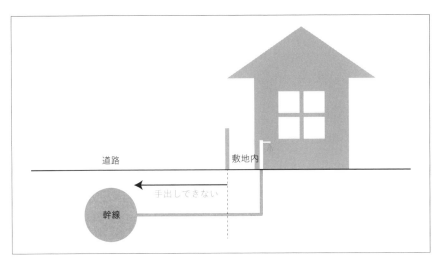

図2-6-5　現実世界の責任分界点と同じ

(Chapter 2 — side tab)

クラウドサービスの料金

クラウドサービスは、使っただけ支払う従量制です。利用時間やデータ転送量、データの保存容量、実行回数などを基準として決まります。

料金の基本的な考え方

　クラウドサービスは、サービスによって課金の方法が違いますが、基本的には、次の組み合わせです（図2-7-1）。

たとえば、次のスペックのサーバーを例に考えてみます。

　　・1時間あたり3円
　　・データ転送料金が1GB当たり1円
　　・ディスクが1GB当たり10円

これを1ヶ月（30日）、100GBのデータ通信をして、50GBのディスクを使う場合は、

$$3円 \times 24時間 \times 30日 + 1円 \times 100GB + 10円 \times 50GB = ¥2760$$

　　①　　　　　　　②　　　　　　　　　③　　　　　　　　　④

図2-7-1　料金の基本的な考え方

1. 基本料金

　基準となる単価です。高性能なものほど高くなります。たとえばサーバーで言えば、高速なサーバー、メモリがたくさん搭載されているサーバーなどは高価な料金に設定されています。図2-7-1では①にあたります。

2. 利用時間または実行回数

　サービスによって、時間単位の課金と実行回数課金のものがあります。サーバーなど常時実行しておくべきものは時間課金ですが、AWSのLambda、AzureのAzure Functions、Google CloudのCloud FunctionsなどのFaaSサービスや、ドメイン名とIPアドレスを相互に変換するDNSサービス（「Chapter 3-5　ドメイン名とDNS」）など、必要に応じて、都度実行されるようなものは、回数課金です。

　時間単位課金の場合は、利用時間を掛け算します。「時」の単位のものや「秒」の単位のものなど、最低単位が決まっており、それに満たない場合は切り上げられます。
回数課金の場合は、実行回数を掛け算します。
　図2-7-1では②にあたります。

3. データ転送料

　さまざまなデータ転送費用です。多くのクラウド事業者では、どこと通信するのかによって、基本転送料金が異なるのが一般的です（図2-7-2）。この基本転送料金に、実際に転送した容量（バイト数）を掛け算して、データ転送料が決まります。転送した容量は、「メガバイト単位」など、最低単位が決まっていて、それに満たない場合は切り上げられます。
　図2-7-1では③にあたります。

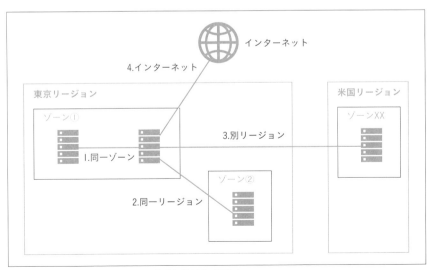

図2-7-2　どこと通信するかによって、基準転送料金が異なる

■ 1. 同一ゾーン

同一ゾーンにあるインスタンス同士の通信は、無料であることがほとんどです。

■ 2. 同一リージョン

同一リージョンだけれども別ゾーンにあるインスタンス同士の通信は、3.よりも安い価格が基準になっていることがほとんどです。

■ 3. 別リージョン

異なるリージョン同士は、2.よりは高価、4.と同等もしくはそれより安く設定されていることがほとんどです。

■ 4. インターネット

クラウドサービスとインターネットとの料金です。

4. 保存した容量・処理した容量

データを保存した容量です。ストレージサービス全般は、この料金体系をとっています。単純に、容量単価×容量ではなく、基準となる最低容量が定められていて、その単位で切り上げられることもあります。

サービスによっては、実際に保存した分だけかかる料金体系と、たとえ保存していなくても確保したら、その確保した容量全部が課金対象になるものとがあります（図2-7-3）。図2-7-1では 4 にあたります。

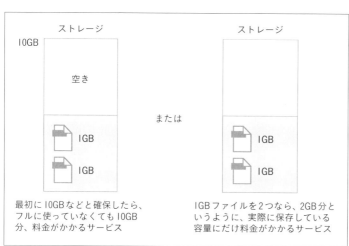

図2-7-3
保存した容量に
基づく料金

コストを事前調査する

　クラウドは使っただけ料金がかかるので、事前の見積が重要です。クラウド事業者は、利用するサーバーやサービスなどのリソース、データの通信量（P.075 参照）や保存量などを入力すると、どのぐらいの金額がかかるのかを計算できるツールを提供しています。そうしたツールを使って事前に計算するとよいでしょう（表2-7-1、図2-7-4）。

表 2-7-1　コストを事前調査するツール

	AWS	**Azure**	**Google Cloud**
機能の名称	AWS 料金見積りツール	料金計算ツール	Google Cloud Platform料金計算ツール (Google Cloud Platform Pricing Calculator)

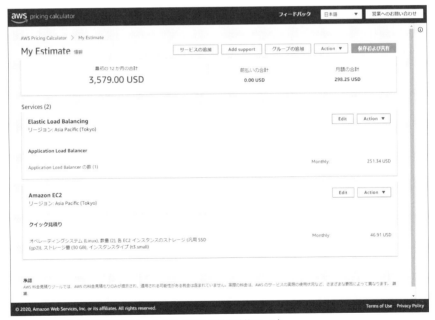

図 2-7-4　コストを事前調査するツールの例（AWSの料金計算ツール）

コスト超過時の通知を設定する

　クラウドサービスを使っていて怖いのが、想定外の料金がかかってしまうことです。操作ミスで高額なサービスを動かしてしまったということだけでなく、第三者が不正に利用したのが理由ということもありえます。

　こうした想定外の課金に備えるため、クラウドサービスには、利用料金が、あらかじめ指定した金額を超えたらメールなどで通知してくれるサービスがあります。予想外の請求に驚かないようにするため、こうしたコスト超過時の設定をしておくと安心です（表2-7-2、図2-7-5）。

表2-7-2　コスト超過時の通知を設定する機能

	AWS	Azure	Google Cloud
機能の名称	AWS Budgets	コストのアラート（Cost Management）	予算とアラート

図2-7-5　コスト超過時の通知を設定する機能の例（AWS Budgets）

> **まとめ** ✏
>
> ● クラウドの料金は、基本料金＋使っただけ支払う従量制
> ● クラウドサービスごとに、料金を事前に見積れるツールがある
> ● コストが想定を超過したときに通知するサービスを利用しよう

Column 📖 通信量は、どのように計算する？

コストを計算するときに、もっともわかりにくいのは、通信量だと思います。ユーザーが、どのぐらいアクセスするのかによって大きく異なり、予想がつかないからです。といいつつも、通信量は、下記の式で定義できます。

ユーザー数 × 1回利用するときのデータサイズ × 回数

1回利用するときのデータサイズは、固定できるものですから、まずはここを決めます。システム構成後であれば、実際にアクセスしてみたときの通信量を計測すればわかります。もしまだシステムが完成していないようであれば、他のシステムを参考に、たとえば、100キロバイトとか、1メガバイトなど、決め打ちします。

そして次に、ユーザー数を想定します。サービス立ち上げのときなら、企画や営業の段階で、見込みユーザー数を想定しているはずなので、そうした値を採用します。

ユーザー数がまったく想定できそうもないなら、類似のサイトを参考にします。いくつかのサイト、とくに広告募集しているようなサイトには、自身のサイトに人気があることを示すため、「何万ビュー」といった指標で、月間どのぐらいのアクセス数があるのかを公開しているところがあります。そうしたサイトの実際の値を参考にして、予測を立てていきます。

Section
8

リソースのグループ化と
複数アカウントでの運用

クラウドサービス上には、複数のシステムを構築することもあります。その場合、それ
ぞれのシステムごとに構成や課金の請求先を分けたりして運用します。

リソースのグループ化

　クラウドサービス上で、複数のシステムを動かしたいこともあるでしょう。たとえば、
「経理システム」と「営業システム」の2つのシステムを運用したいような場合です。

　このような構成では、互いに影響がないようにサーバーやネットワーク機器などのリ
ソースをグループ化して管理したいはずです。つまり経理システムのサーバーを操作し
たときに、営業システムに影響しないようにしたいでしょう。そこでクラウド事業者のい
くつかでは、リソースをグループ化することができるようになっています。

　Azureは「リソースグループ」、Google Cloudは「プロジェクト」という名前でグルー
プ化できます。一方のAWSには、こうした概念がありません（図2-8-1）。

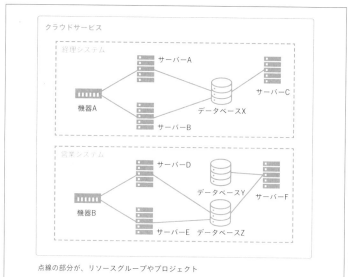

点線の部分が、リソースグループやプロジェクト

図2-8-1
リソースグループや
プロジェクト

リソースをひとまとめにして管理する

　AzureやGoogle Cloudでは、リソースグループやプロジェクトの下に、サーバーやネットワーク機器などのリソースを作成します。つまり、最初にリソースグループやプロジェクトの作成が必要です。

　すべてのリソースは、ひとつのリソースグループやプロジェクトに属するので、どのようなリソースを使っているのか一目瞭然で管理しやすいというメリットがあります（図2-8-2）。

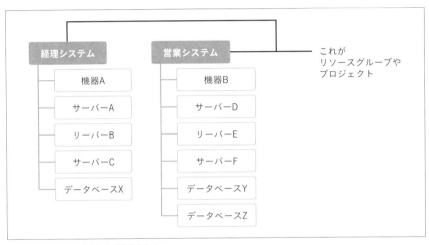

図2-8-2　リソースはまとめて管理される

削除漏れを防ぐ

　リソースグループやプロジェクトを削除すると、その配下のリソースは、まとめて削除されます。クラウドサービスは、サーバーなどのリソースを作ったり壊したりが容易なので、「ちょっと、いろいろと実際に作ってみて試したい」ということがあります。

　そうしたときは、新しいリソースグループやプロジェクトを作って、そのなかで作ったり、あれこれ作業するようにすれば、確認が終わったところで、リソースグループやプロジェクトを削除すれば、それらはきれいさっぱりなくなるので、削除漏れがありません。

Words
Infrastructure as Code

システムを構成するときは、そのシステムに必要なネットワーク、サーバー、データベース、ストレージなど、さまざまなリソースを作りますが、ひとつずつ管理コンソールで作るのは煩雑ですし、間違える可能性もあります。

そこで提唱されているのが、「Infrastructure as Code」という考え方です。これは、必要なリソースを手作業で作成するのではなく、システムの構成を設定ファイル（もしくは簡単なスクリプトと呼ばれるプログラム）として記述しておき、それを実行したら、必要なものが全部できあがるというものです。こうした考え方をすれば、間違いがありませんし、作り忘れ、そして、消し忘れも防げます。

AWSにはリソースグループやプロジェクトといった概念がないので、こうした設定ファイルを使ったリソースの作成は、よく行われます。そのためのAWSのサービスが「CloudFormation」です。

手作業でリソースを作成するのではなく、構成を設定ファイルに書いてCloudFormationで処理することで作る構成にすれば、AzureやGoogle Cloudと同様に、必要なくなったときは、CloudFormationを操作することで、すべてをまとめて変更したり、削除したりする操作ができます。

もちろんAzureやGoogle Cloudにもこうした機能はあります。それぞれ「Azure Resource Manager」、「Google Cloud Deployment Manager」というサービスです。詳細については、Chapter6-1「開発の支援サービス」（P.184）で説明します。

複数アカウントでの運用

もしあなたが、システムインテグレーター（SIer）であれば、複数の顧客にシステムを提供していることでしょう。こうした業態でクラウドサービスを利用する場合、それぞれの顧客で管理を別にしたいはずです（図2-8-3）。

別に管理したい場合、その理由は、大きく2つあります。

■ 1. セキュリティの問題

セキュリティ上の理由から、別々に管理したいケースです。

■ 2. 課金の問題

請求を合算ではなくて、顧客Aに対して提供しているものは顧客Aに、顧客Bに提供しているものは顧客Bにというように、別々に管理したいケースです。

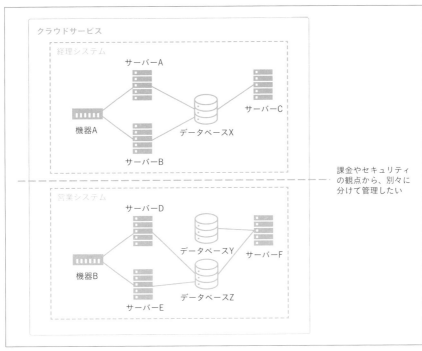

図2-8-3　ひとつのクラウドでシステムを分けて管理したいケース

マルチアカウントで運用する

　こうした場合、いくつかの考え方があります。単純なのは、システムの数だけクラウドサービスのアカウントを作って管理する方法です。これをマルチアカウントと言います（図2-8-4）。

　このようにすると、それぞれのアカウントのリソースを操作するのに、ログインし直しやアカウントの切り替えが必要になりそうですが、クラウドサービスでは、どちらにもアクセスできるアカウントを作成することもできるため、そこまで煩雑になりません。

　またそれぞれのアカウントをまたいで、ネットワーク同士を接続し、特定のサーバー（リソース）を共有するようにもできます。ただしネットワーク同士をつなぐ場合は、別途、費用がかかることもあるので、互いに通信が必要な場合は、ネットワークの設計を検討しなければなりません。

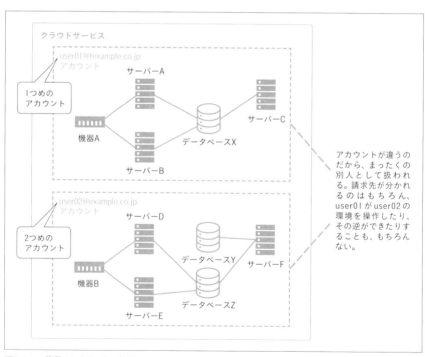

図 2-8-4　複数のアカウントに分ける

課金単位を分ける

目的が、課金を分けるだけなら、別の方法もあります。

■ 1. 課金をグループ化する

サーバーなどの各種リソースに、「提供先の顧客」や「利用している部署」などの名前を付けておき、そうした名前でグループ化して課金明細を出す方法です。AWSでは、「課金タグ」という機能を使うことで実現できます。またAzureやGoogle Cloudでは、リソースグループやプロジェクト単位で課金情報がわかります。

■ 2. 課金先のアカウントを設定する

既定では、アカウントごとに請求先がひとつですが、AzureやGoogle Cloudの場合には、リソースグループやプロジェクト単位で請求先を分けることができます。請求先を管理するアカウントは、Azureの場合はサブスクリプション、Google Cloudの場合は請求先アカウントと呼びます（図2-8-5）。

AWSでは、リソースグループやプロジェクトの概念がないため、このような分割はできませんが、代表するひとつのアカウントを支払いアカウントとして設定し、いくつかのAWSアカウントの請求先をひとつにとりまとめる一括請求機能があります（図2-8-6）。

次の図2-8-5と図2-8-6に、この違いを示しています。

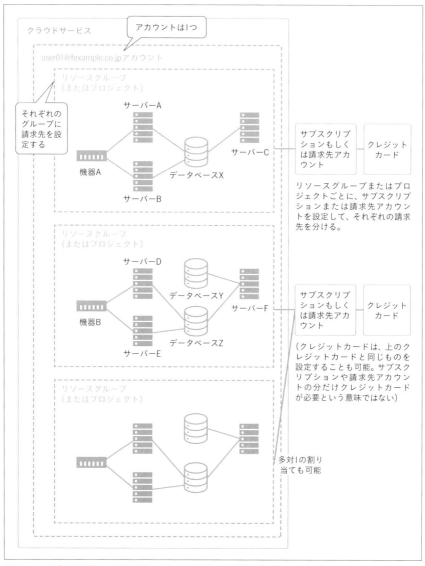

図2-8-5 サブスクリプションや請求先アカウントを使って請求先を分ける

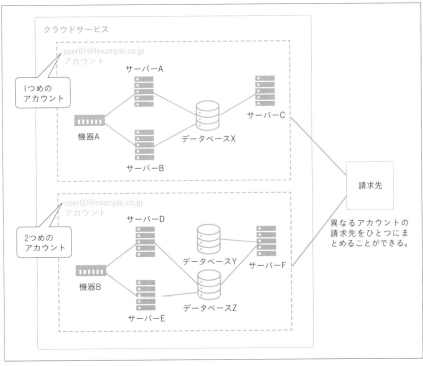

図2-8-6　AWSにおける一括請求機能

まとめ ✏

- リソースはグループ化して、他に影響を与えないようにできる
- アカウントは複数作成して、権限や料金を分けることができる
- 1つのアカウントでも請求先を分けたり、グループ化できる

Section 9

クラウドサービスを活かす考え方

クラウドサービスを使うときは、クラウドサービスの特性を活かした設計を心がけます。従来のインフラ環境であるオンプレミスのときと同じような設計をしたのでは、クラウドの真の力を発揮できません。

可変な設計にする

　クラウドサービスは、管理コンソールなどを使って、簡単な操作でサーバーなどの数を増やしたり、CPUやメモリなどの性能を上げたり、ディスクを増量したりできます。ですから、そのときどきに応じた規模で始めることができます。

　ほとんどの場合、最初はユーザーが少ないので小規模なインフラで十分でしょう。しかしユーザーが増えてくれば増強が必要になります。クラウドではない環境では、こうした将来の見込みも含めて、必要以上の規模のインフラを用意する傾向がありました。しかしクラウドでは、いつでも増減できるので、多少の余裕はもつとしても、従来ほどの余裕を持たせる必要がありません（図2-9-1）。

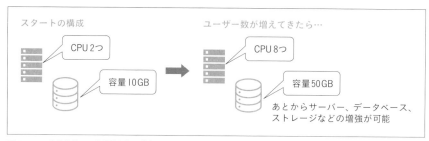

図2-9-1　クラウドでは必要以上の余裕がなくてもよい

スケールアウトに対応できるようにする

　むしろ考えるべきは、可変できるように設計することです。サーバーを増強するには、1台の性能を上げる「スケールアップ」と、台数を増やす「スケールアウト」があります

（図2-9-2）。

　スケールアップは簡単に対応できますが、スケールアウトは最初の設計の時点で考慮していないとうまくいきません。なぜなら、それぞれのサーバーに処理を分散できる構成にしていなければならないからです。具体的には、負荷分散装置（ロードバランサー）などの装置が必要です。最初の設計で1台での運用しか考えていなかったものを2台で構成するのは、なかなか困難です。こうしたことをしたいのであれば、設計の段階から複数台に分散して処理できるような機構を考えておく必要があります（図2-9-3）。

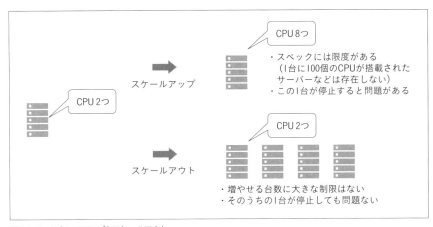

図2-9-2　スケールアップとスケールアウト

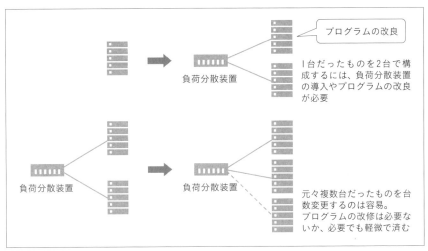

図2-9-3　スケールアウトするには設計の段階での考慮が必要

冗長構成にする

クラウドサービスは、クラウド事業者が保守・運用しているので信頼性が高いと思われがちですが、実際には、ときどきサーバーが壊れることもあります。またクラウド事業者の保守作業によって、一時的に（障害がなければ、多くの場合、数秒以下）停止することもあります。ですから、設計の段階で冗長性をとり、いくつかが故障しても、問題なく処理を継続できるように考えておく必要があります。

そのためには、先のスケールアウトの話とも関連しますが、複数台で分散できる構成にしておくことです。分散する構成にしておけば、片方が故障しても、もう片方で処理を継続できます（図2-9-4）。

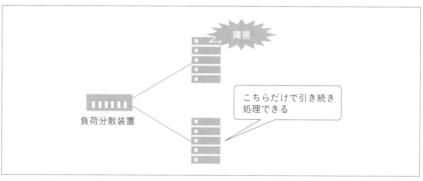

図2-9-4　複数台の冗長構成にする

壊れたら入れ替える

クラウドでは、壊れたものを無理に直して使い続けないようにするのが賢明です。実際に物理的なサーバーを使うわけではないので、それを直すコストと新しく作るコストは変わりません。もし、あるサーバーが運用中に壊れてしまったら、それを捨てて、新しくサーバーを作るほうが、原因を究明する時間、直す時間などを考慮すれば、ずっと素早く復旧できます。

そのためには、「サーバー内のデータが失われないようにする」「サーバーを迅速に作れるように自動化しておく」といった工夫をしておくことが大事です。たとえば、サー

バーが壊れたときには、データを保存しておいたディスクを取り外して、新しいサーバーに接続して、すぐに復旧させるというのは、クラウドでよく行われるテクニックです（図2-9-5）。

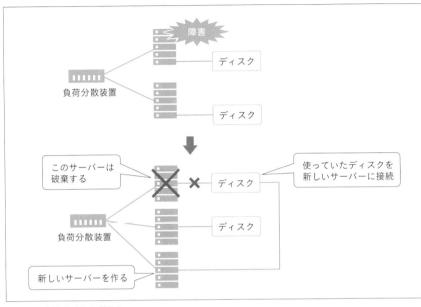

図2-9-5　壊れたら入れ替える

マネージドサービスを活用する

　「Chapter2-6　アンマネージドサービスとマネージドサービス」で説明したように、クラウドサービスには、自分で管理しなければならないアンマネージドサービスと、クラウドサービスに運用管理を任せることができるマネージドサービスの2種類があります。

　アンマネージドサービスは、従来の考え方と同じであるため、新しく何か学ぶ必要性がないことから、クラウドサービスを使いはじめた人は、何かとアンマネージドサービスを中心に設計しがちです。しかしクラウドサービスの真価は、マネージドサービスにあります。

マネージドサービスはアンマネージドサービスに比べて少し高価ですが、自分で保守・運用する必要がないので、管理の手間が格段に減ります。冗長化の対策もとられているので、内部で故障したときも自動で復帰しますし、よほどのことがない限り、故障するケースも少ないです。

　たとえばデータベースを運用する場合、自分でサーバーを構築してデータベースを作る方法と、マネージドサービスのデータベースサービスを使う方法があります。分散処理できるようなデータベースサービスを使えば、何も考えなくても負荷に応じて分散処理してくれます（図2-9-6）。

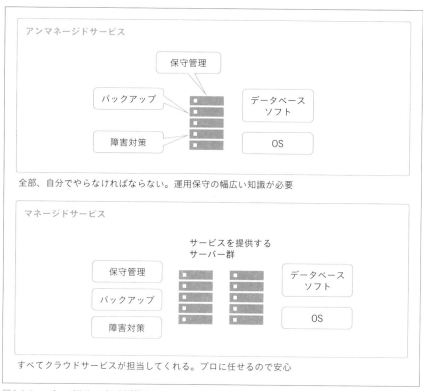

図2-9-6　マネージドサービスを活用する

保守の際の停止とベンダーロック

ただしマネージドサービスを使う場合は、次の2点に注意します。

■ 1. 保守の際の停止

マネージドサービスのアップデートは、クラウド事業者が担当してくれます。その際、一瞬（多くの場合、数秒以内）、サービスが停止する可能性があります。

アップデートの際に停止する時間帯を、何時から何時の間というように指定することはできますが、停止せずにそのまま運用する（つまり長期に渡ってアップデートしない）ことはできません。先延ばしにしても、どこかで強制的にアップデートされますから、そのときは、強制的に一瞬、停止します。

停止時間は、ほんの少しなので、ほとんどの場合、問題ありませんが、本当に24時間ずっと稼働し続けなければならないようなシステムでは、別のゾーンや別のリージョンと組み合わせて冗長化するなどの構成が必要になるケースがあります。

■ 2. ベンダーロック

マネージドサービスは、クラウド事業者が提供する独自のサービスです。AWS、Azure、Google Cloudなど、クラウド事業者によって、提供されるものが違います。ですから、マネージドサービスに頼った設計にすると、将来、他のクラウド事業者に乗り換えにくくなります。こうした状態を、提供者（ベンダー）に依存するという意味からベンダーロックと言います。

将来の乗り換えを検討するのなら、他のクラウド事業者のことも調べて、できるだけ類似性の高いものだけに限って利用していくのがよいでしょう。たとえばデータベースのマネージドサービスは、どのクラウド事業者でも、提供のされかたの違いはありますが、互換性がある方法で提供されています。対して、機械学習などのサービスは独自性が高く、同じような機能が提供されていないことが多いです。

まとめ 🖉

- 将来的にスケールアウトにも対応できる可変な設計にしよう
- 冗長構成を取り入れて障害対策をしよう
- マネージドサービスを上手に利用しよう

Section 10 クラウドサービスの利用ケース

では実際にクラウドサービスは、どのような場面で使われているのでしょうか？
代表的なケースを見てみましょう。

インターネットサーバー

もっとも多いのが、インターネットのサーバーとして使うケースです。なかでも、Web
サイトやショッピングサイトなどでは、クラウドサービスを活用しています（図2-10-1）。

すぐにサーバーを作れるクラウドサービスは、こうしたインターネットサービスを提
供するのに最適です。思い立ったら、すぐに始められますし、あとで人気が出てアクセ
ス数が急上昇しても、スケールアップやスケールアウトで対応しやすいです。

最近では、テレビ番組と連動したインターネットサイトもありますが、そうしたサイト
では、番組を放送したときに物凄くアクセス数が増えますが、クラウドサービスなら、そ
うしたサイトの運用も、安定した対応ができます。

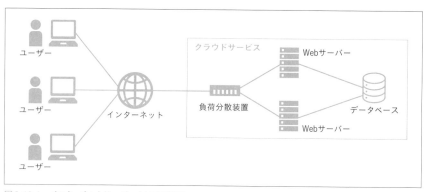

図2-10-1　インターネットサーバーとしての活用

社内システムのクラウド化

次のケースが、社内システムのクラウド化です。社内の業務システムは、従来、社内のサーバールーム、もしくは、社内で契約したデータセンターなどに設置して、社内から接続して使っていました。これをクラウドサービスに移行する例が増えてきています（図2-10-2）。

クラウドサービスに移行する理由は、保守・運用の容易さです。最近では、ビジネス規模の成長度がわからないため、大きなIT投資もできません。そのため、少しずつ増改築しやすいクラウドサービスは、現在の流れに沿っていると言えます。

また最近では、社内だけでなく、社外のタブレットやスマートフォンなどからも業務システムにアクセスしたいという要求があります。こうした要求もクラウドシステムなら作りやすくなります。

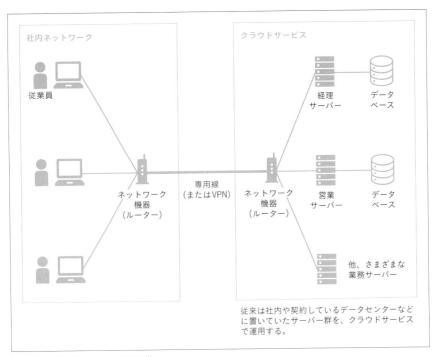

図2-10-2　社内システムのクラウド化

ゲームなどのバックエンドとして

そしてクラウドサービスは、さまざまなシステムのバックエンドとしても活用されています。銀行・証券会社間の取引、POSレジなどの業務システムのバックエンドとして使われるのはもちろんのこと、ゲームにもクラウドサービスが欠かせません。

人気ゲームはユーザー数が多く、それこそ何十、何百万人のユーザーがアクセスしてきます。クラウドサービスなら、十分な余裕があるので、こうしたトラフィックも設計次第で十分に捌けます。

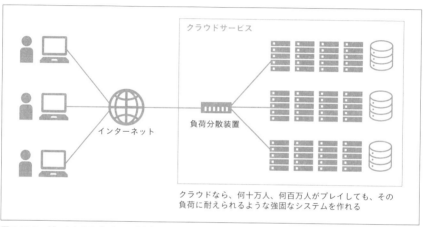

クラウドなら、何十万人、何百万人がプレイしても、その負荷に耐えられるような強固なシステムを作れる

図2-10-3　ゲームなどのバックエンドとして

まとめ ✐

- インターネットサーバーではアクセス増加に対応しやすい
- 社内システムのクラウド化では保守・運用が楽になる
- バックエンドに使うと大規模トラフィックを捌ける

Chapter 3

インフラを構成する 基本サービス

Chapter 2では、クラウドがどのようなものかを説明しました。クラウドを利用するためには事業者が提供しているサービスを組み合わせます。提供されるサービスは事業者によって異なりますが、共通するものも多くあります。

この章では、提供されるサービスのうち、ネットワークやコンピュータなどの基本となるサービスを説明します。

Section 1 ネットワーク

サーバーやデータベースなどを接続するために欠かせないのがネットワークです。ネットワークの機能には、セキュリティを高めるためのファイアウォール機能もあります。

自分専用のネットワークとクラウド事業者のネットワーク

クラウドサービスのすべてというわけではありませんが、クラウド以外でインフラを構築するのと同様に、サーバーやデータベースなどを使うには、それらを接続するネットワークが必要です。

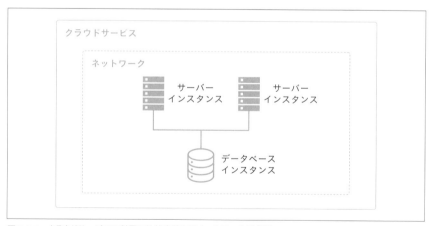

図 3-1-1　クラウドサービスの利用には基本的にはネットワークが必要

クラウドサービスには大きく分けて2種類のネットワークがあります。

1. 自分専用ネットワーク

　自分で構築したサーバーインスタンスなど、アンマネージドサービスを中心としたインスタンスを接続するための自分専用のネットワークです（すべてがアンマネージドのものとは限らず、一部、マネージドサービスのインスタンスも、こちらのネットワークに接続するものがあります）。このネットワークは完全にプライベートなもので、他の誰かのインスタンスが接続されることはありません。

　作成直後は、どこからも接続できない完全に閉じられたネットワークですが、このネットワークをインターネットに接続するように構成すれば、ここに配置したサーバーインスタンスに、インターネットから接続できるようになります（後述）。またこのネットワークに、社内ネットワークや別のデータセンターなどのオンプレミス環境、別のクラウド事業者のネットワークなどを接続することもできます（「Chapter 3-4　他のネットワークとの接続」を参照）。

2. クラウド事業者のネットワーク

　クラウド事業者がすでに構築しているネットワークです。このネットワークには、Chapter 4やChapter 5で説明するストレージやデータベース、ビッグデータを扱うサービス、AIを活用した各種サービスなど、マネージドサービスを中心としたインスタンスが接続されています。

図 3-1-2　クラウド事業者が構築しているネットワークもある

仮想ネットワーク

いま説明したように、サーバーなどのインスタンスは自分専用のネットワークに接続します。この「自分専用のネットワーク」は、自身で作成しなければなりません。言い換えると、サーバーなどのインスタンスを作る前にネットワークを構築する必要があるのです。自分専用のネットワークは、AWS、Azure、Google Cloudのそれぞれで名称が異なりますが、概ね「VPC（Virtual Private Cloud）」や「仮想ネットワーク」などと呼ばれています（表3-1-1）。本書では、以下、「仮想ネットワーク」に統一します。

表3-1-1　ネットワークサービス名称

	AWS	Azure	Google Cloud
サービス名	Amazon Virtual Private Cloud （以下、Amazon VPC）	Azure Virtual Network （日本語では 仮想ネットワーク）	Google Virtual Private Cloud （以下、Google VPC）

仮想ネットワークはいくらでも作れる

仮想ネットワークはクラウドサービス上に複数作成することができます。例えば、「ECサイト用のネットワーク」と「自社システムのネットワーク」を構築したい場合、セキュリティ要件が違うので、別々の仮想ネットワークを作るべきです。

なお、クラウド事業者によって、作成できる仮想ネットワークの上限が異なります。クラウド事業者へ上限の引き上げリクエストをすることによって上限が緩和されます。

仮想ネットワークはクラウド事業者が管理する

作成した仮想ネットワークは、クラウド事業者によって管理される「マネージドサービス」になります。そのためネットワークが正常に稼働しているかどうかの管理やネットワーク負荷の監視をする必要はありません。

以降で解説しますが、IPアドレスの範囲等の設定を構築時にしてしまえば、あとは設定を変更する必要はほとんどありません。

IPアドレス範囲

ここでは、仮想ネットワークに割り当てるIPアドレスについて説明します。

IPアドレスの割り振り

仮想ネットワーク構築時には、割り振るIPアドレスの範囲を指定する必要があります。範囲はCIDR記法で指定します。クラウドでサーバーインスタンスを作成して、この仮想ネットワークに接続すると、この範囲のIPアドレスの1つが割り当てられます。

ここで割り振られるIPアドレスは、インターネットに接続できないプライベートアドレスです。インターネットに接続できるパブリックアドレスは後述の「パブリックIPアドレス」（P.114）で解説します。

Chapter 3

CIDR記法とは

CIDR記法はIPアドレスの範囲を指定する記述方法のことで、IPアドレスを「/」（スラッシュ）でネットワーク部とホスト部に区切って表現します。例えば「192.168.0.0/16」と指定した場合、先頭16ビットがネットワーク部であることを示します。ホスト部（残りの16ビット）は自由に決めてよいので、この場合に使用できるIPアドレスは192.168.0.1〜192.168.255.254の範囲になります。

IPアドレスについての説明はネットワーク専門の書籍[1]をご参照ください。よくわからない場合はクラウド事業者が用意しているデフォルトの仮想ネットワークや、提案される「/16」（約65,000個までのIPアドレスを使用可能）や「/24」（約250個までのIPアドレスを使用可能）となっているものを使うとよいでしょう。

❶ ※1『TCP/IPの基礎』（Gene［著］、2011/2、マイナビ出版）など

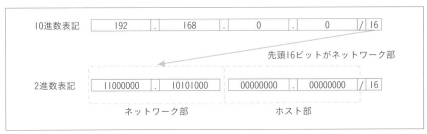

図3-1-3　CIDR記法

IPv6

AWS、Azureではネットワークの IP アドレス範囲に IPv6 を使うことができます。デフォルトでは IPv4 のみの設定になっているので、IPv6 を使用して通信したい場合は IPv6 の設定をします。Google Cloud は IPv6 を使用することができません。

IPv6 CIDR ブロック　情報
● IPv6 CIDR ブロックなし
○ Amazon 提供の IPv6 CIDR ブロック
○ IPv6 CIDR 所有 (ユーザー所有)

図 3-1-4　AWS の IPv6 設定

図 3-1-5　Azure の IPv6 設定

サブネット

仮想ネットワークは1つ以上のサブネットに区切る必要があり、クラウドサービスのインスタンスは、その仮想ネットワーク内にあるサブネットに接続します。サブネットは仮想ネットワークのサービスの設定項目として構成します。

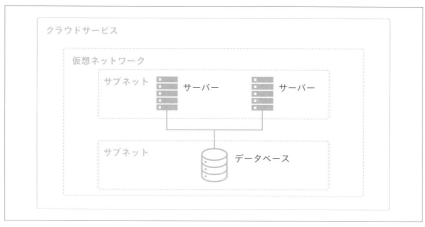

図 3-1-6　仮想ネットワークはさらにサブネットで区切られる

サブネットは、仮想ネットワークのIPアドレス範囲内のものをCIDR記法で指定します。サブネットを区切る必要がない場合でも1つのサブネットを作成する必要があるため、その場合は、仮想ネットワークと同じ値を設定します。

　サブネットはセキュリティの範囲を指定する際にも役立ちます。例えばデータが格納されているデータベース用のサブネットとアプリケーション用のサブネットを別にしておくと、「データベースのサブネットに接続できるのは、アプリケーション用のサブネットに接続されたサーバーのみ」といった制御ができるようになります。

ネットワーク・サブネットとリージョン

　仮想ネットワークとサブネットの作成単位はクラウド事業者によって異なります。

表3-1-2　仮想ネットワークとサブネットの作成単位

	AWS	Azure	Google Cloud
仮想ネットワーク	リージョン	リージョン	グローバル
サブネット	ゾーン	リージョン	リージョン

AWSのサブネット

　AWSはサブネットをゾーン単位で作成できるのが特徴です。

図3-1-7　AWSのサブネットはゾーン単位で作成可能

Azureのサブネット

Azureのサブネットは AWS よりもネットワークの範囲が広く、サブネットをリージョン単位で作成できるのが特徴です。

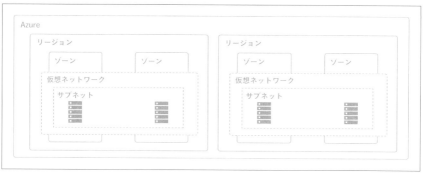

図 3-1-8　Azure のサブネットはリージョン単位で作成可能

Google Cloudのサブネット

Google Cloud はさらにネットワークの範囲が広く、リージョンをまたいだ仮想ネットワークを作成できるのが特徴です。リージョンをまたいでプライベート IP アドレスで通信できます。

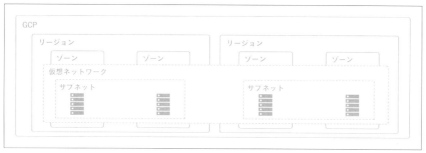

図 3-1-9　Google Cloud のサブネットはリージョンをまたいで作成可能

インターネットとの接続

　ここでは、クラウド上の仮想ネットワークをインターネットへ接続する仕組みを解説していきます。インターネットとの接続方法は、「AWSとGoogle Cloud」と「Azure」とで異なります。

■ AWSとGoogle Cloudの場合

　AWSとGoogle Cloudにおいて仮想ネットワークにあるインスタンスをインターネットと接続する場合は、インターネットゲートウェイと呼ばれるコンポーネントを仮想ネットワークに接続します。

　さらに、インスタンスにパブリックIPアドレス（後述）というインターネットへ接続するためのIPアドレスを割り振る必要があります。

■ Azureの場合

　Azureの場合は、インターネットゲートウェイのようなコンポーネントは必要なく、パブリックIPを割り振れば、インターネットへ接続できます。

　仮想ネットワークのインスタンスをインターネットに接続するために必要なものを一覧としてまとめました。

表 3-1-2　インターネット接続に必要なもの

	AWS	Azure	Google Cloud
パブリックIPアドレス	必要	必要	必要
インターネットゲートウェイ	必要	不要	必要

インターネットゲートウェイとのルーティング

　AWSやGoogle Cloudにおいては、仮想ネットワークへインターネットゲートウェイを接続しただけでは、インスタンスはインターネットに接続できません。「ルーティング」と呼ばれる、通信が通るコンポーネントの設定を行う必要があります。サブネット内の別のインスタンス宛ての通信ならばサブネットを通るように、インターネット宛ての通信ならインターネットゲートウェイを通るように設定をします。インターネットゲートウェイは仮想ネットワークの設定項目として構成します。

❗ AWSで仮想ネットワークをウィザードで作成する場合、インターネットゲートウェイとルーティングの設定は自動的に作成されるので、インターネットに接続したくない場合は、作成後にルーティングを削除します。

 Point 他のネットワークとの接続

後続の「オンプレミスとつなぐ」(P.130) で解説しますが、クラウドの仮想ネットワークとオンプレミスのネットワークや別のクラウドの仮想ネットワークとの接続する場合、ルーティングの見直しが必要です。

ファイアウォール

ネットワークにはデータの送受信の可否を設定するファイアウォールの機能があります。「クラウドにWebサーバーを立ててみたけれども、パソコンのブラウザからアクセスできない」というトラブルはファイアウォールが原因であることが多いです。

ファイアウォールによる通信制御

ファイアウォール機能で設定する通信制御の方法は、主に3つあります。

■ 1. IPアドレスでの通信制御
IPアドレス単位で、通信を許可するか拒否するかを設定します。会社の事業所のIPアドレスのみを許可すれば、会社の事業所からしか接続できなくなります。

■ 2. プロトコルでの通信制御
通信プロトコル単位で、通信を許可するか拒否するかを設定します。通信プロトコルには、Webサーバーで使用するHTTPや、サーバーのメンテナンスに使用するSSHのように、さまざまな種類があります。こうしたプロトコルは機能を提供する意味から「サービス」と呼ばれることもあります。

たとえばHTTPをどこからの通信でも許可し、SSHは会社の事業所のIPアドレス以外は拒否するようにすれば、ブラウザを使ったWebの接続はどこからでも通信できるけれども、メンテナンスは会社の事業所からしかできない構成にできます。

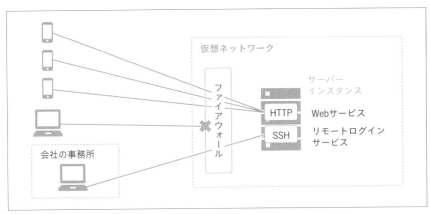

図3-1-10　どこからどのプロトコルで通信できるかを設定する

　ファイアウォールでプロトコル（サービス）の可否を設定する場合、「SSH」や「HTTP」のようなプロトコル名で指定することもありますが、ポート番号で設定することもあります。ポートとはサーバーが通信を待ち受ける番号のことで、「Webサービスは80番」「メールサービスは995番」といったように異なる番号で待ち受けています。ポート番号を分けることで一つのサーバーで複数のサービスを提供しています。プロトコル名での可否の設定とポート番号の可否の設定は、実質同じ設定です。

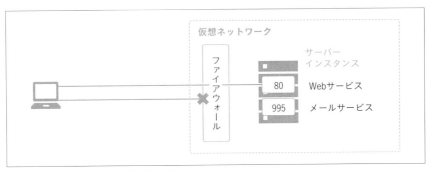

図3-1-11　サービスはポート単位で待ち受けている

　プロトコルやポート番号での制御は、セキュリティ向上のために使います。例えば、Webサーバーとして使用するはずのサーバーインスタンスに間違えてメールサービスを動かしてしまっても、ファイアウォールで80番以外を使用できないようにしておけばメールサービスには外部からはアクセスすることができません。

pingは、ネットワーク管理者がサーバーなどの稼働確認に使うツールです。pingコマンドを使って相手との疎通を確認することを、俗に「pingを打つ」と言います。クラウドで構築したインスタンスに対して稼働を確認するためにpingを打っても、本当は正常なのに応答がないことがあります。これは、インスタンスが稼働していないわけではなくpingのプロトコルであるICMP通信がファイアウォールの機能でブロックされているのが原因です。ファイアウォールの設定を確認してください。

2種類のファイアウォール

クラウドのファイアウォールは2種類あります。「仮想ネットワーク（もしくはその配下のサブネット）に対するファイアウォール」と、「インスタンスに対するファイアウォール」です。

本書では、前者を「ファイアウォール」、後者を「セキュリティグループ」と表記します。

ファイアウォールは、「会社の事業所からしかサーバーのメンテナンスは行えない」というようなセキュリティポリシーを、仮想ネットワークの中すべてのインスタンスに適用したい場合に使います。

セキュリティグループは、「WebサーバーはHTTPしか通信させない」といったインスタンスの役割に応じて必要なセキュリティを適用したいときに使います。

なお、ファイアウォールは仮想ネットワークの設定項目として構成します。セキュリティグループは、別途説明する仮想サーバー（Chapter3-2）の設定項目として構成します。

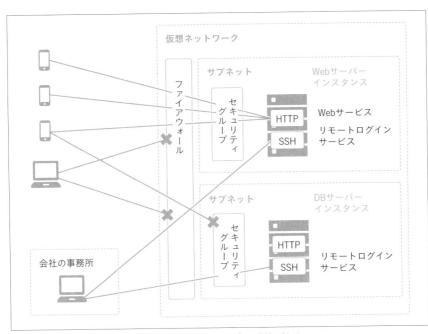

図3-1-12　ファイアウォールでの制御とセキュリティグループでの制御がある

ファイアウォールの名称と適用範囲

　また適用範囲も異なります。AWSは仮想ネットワーク配下のどのサブネットに対して
ファイアウォールのルールを適用するかを設定できます。一方、AzureやGoogle Cloud
は、仮想ネットワークすべてに適用されます。

表3-1-3　ファイアウォール機能の名称と適用範囲

	AWS	Azure	Google Cloud
ファイアウォール	ネットワークアクセスコントロール （以下、ネットワークACL）	ファイアウォール	ファイアウォール

セキュリティグループの名称

　セキュリティグループは、先に述べた通り、インスタンスに対するファイアウォールです。Google Cloudにはセキュリティグループの機能はありません。AWSとAzureのサービス名称は似ていますが、若干違います。

表3-1-4　セキュリティグループ機能の名称

	AWS	Azure	Google Cloud
セキュリティグループ	セキュリティ グループ	ネットワークセキュリティ グループ	（セキュリティグループの ようなサービスはない）

　Google Cloudの場合、インスタンスの役割に応じた通信制御を行いたい場合、インスタンスの役割に応じてタグと呼ばれる識別子を付与し、ファイアウォールで設定する通信ルールに、指定されたタグを使用します。例えば、Webサーバーインスタンスには「Web」というタグをつけておき、「WebタグがついたインスタンスはHTTPを許可」といった設定を行います。

ネットワークの費用

　ネットワークを作成したり維持するための費用は無料です。ですが実際に通信した量に応じて費用が発生します。

インターネットとの通信費用

　ネットワークの費用は、インターネットからクラウド側の通信には発生しません。仮想ネットワーク上のインスタンスから、インターネット上のデータをいくらダウンロードしても無料です。

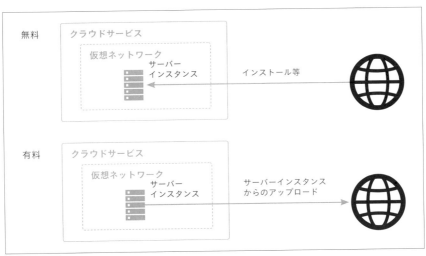

図 3-1-13　インターネットへのアップロードには費用が発生する

　逆に、動画ファイルなどの配信サービスをクラウドに作る場合、動画ファイルの容量分、インターネット側への通信が発生するのでこれには費用が発生します。

クラウド内の通信費用

　クラウド内の通信でも費用が発生する場合があります。それはリージョンやゾーンをまたぐ通信をする場合です。例えば東京のサーバーインスタンスとヨーロッパのサーバーインスタンスを通信させる場合、費用が発生します。ゾーンをまたぐ通信の費用よりリージョンをまたぐ通信の方が、費用が高額です。

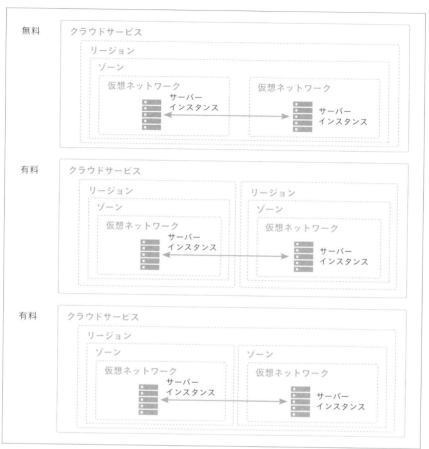

図3-1-14　リージョンやゾーンをまたぐ通信には費用が発生する

まとめ 🖊

- 自分専用のネットワークとクラウド事業者のネットワークがある
- 自分専用のものは「仮想ネットワーク」などと呼ばれる
- 仮想ネットワークに接続したインスタンスにはIPアドレスが振られる

Section 2 サーバーとディスク

サーバーはクラウド事業者から仮想サーバーというサービスとして提供されます。ディスクはOSやデータを保存する領域です。サーバーにアタッチ（接続）して使います。

サーバーとディスクの関係

　サーバーとディスクは密接な関係にあります。サーバーがインスタンスとして動作するためにはCPUとメモリ、そしてデータ格納領域としてのディスクが必要です。クラウドではCPUとメモリが仮想サーバーとして、ディスクはディスクのサービスとして提供されます。そしてこのディスクにOSがインストールされた状態でサーバーが稼働します。

　クラウドでサーバーインスタンスを作成した場合、実は仮想サーバーのサービスとディスクのサービスを使用していることになります。

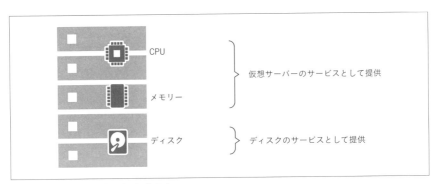

図 3-2-1　クラウドでのサーバーとディスク

表3-2-1 サーバーとディスクの各クラウドサービスの名称

	AWS	Azure	Google Cloud
サーバー	Amazon Elastic Compute Cloud（以下、EC2）	Azure Virtual Machines	Google Compute Engine（以下、GCE）
ディスク	Amazon Elastic Block Store（以下、EBS）	Azure Disk Storage	永続ディスク

サーバーの種類

　サーバーインスタンスを構築する際は、サーバーの種類を選ぶ必要があります。一般用途のサーバーのほか、データを大量に処理するためのメモリが大きいサーバーや、機械学習を行うためのGPUやメモリを大量に備えているサーバーなども提供されているので、CPUのコア数、メモリの容量、ネットワーク帯域等のリソースを組み合わせて選択します。ディスクのサイズは自由に設定できるので、必要なサイズを指定します。詳細は後述しますが、性能が良いサーバーほど費用が高額です。

　サーバーの種類はクラウド事業者によって呼び方が異なるので注意してください。

表3-2-2 サーバーの種類の名称

	AWS	Azure	Google Cloud
種類の名称	インスタンスタイプ	VMサイズ	マシンタイプ

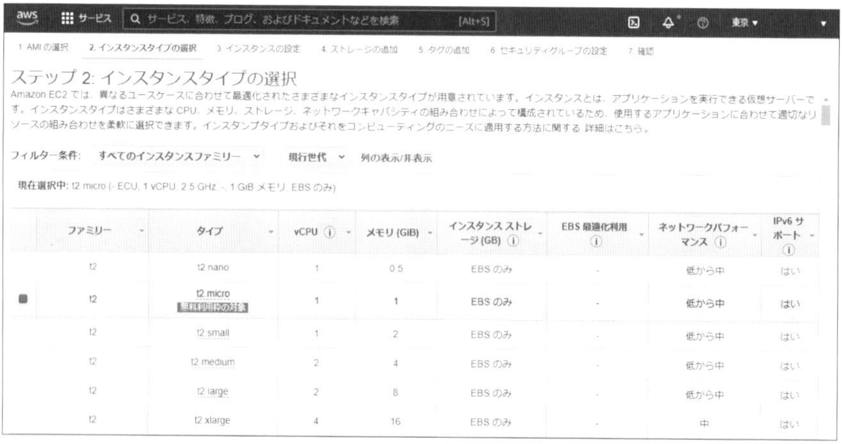

図3-2-2　サーバーの種類を選ぶ画面（AWS）

OSイメージ

　サーバーインスタンスを作成するときにはOSイメージを選択します。そのOSイメージがディスクにコピーされてインスタンスが起動します。好きなOSが動かせるわけではなく、クラウド事業者によって指定されたOSとバージョンのみが使えます。Windows Server 2019やUbuntu 18.04 などのメジャーなOSは使用することができますが、Windows 2000 Serverなどの古くサポートが切れたOSは使用できません。

表3-2-3　選択できる主なOS（2021年11月現在）

AWS	Azure	Google Cloud
Red Hat Enterprise Linux 8	Red Hat Enterprise Linux 8.1	Red Hat Enterprise Linux 7／8
SUSE Linux Enterprise Server 15 SP2	Ubuntu Server 18.04 LTS／20.04 LTS	SUSE Linux Enterprise Server 12／15
Ubuntu Server 18.04 LTS／20.04 LTS	Ubuntu 14.04 LTS／16.04 LTS	Ubuntu Pro 16.04 LTS／18.04 LTS／20.04 LTS
Debian 10	Debian 9／10	Ubuntu 18.04 LTS／20.04 LTS
Amazon Linux 2	CentOS 7.5／7.6	Debian 9／10／11
Microsoft Windows Server 2012／2016／2019／2022	Microsoft Windows Server 2012／2016／2019／2022	CentOS 7／8
macOS 10.15.7／11.6.1／12.0.1		Fedora Core 35
		Microsoft Windows Server 2004／2012／2016／2019／20H2

　OSがインストールされたディスクデータをOSイメージと呼びます。さまざまなOSがインストールされたOSイメージが、クラウド事業者から提供されています。
　OSイメージは、クラウド事業者によって少しずつ呼び方が異なります。

表3-2-4　OSイメージの名称

	AWS	Azure	Google Cloud
OSイメージ	Amazonマシンイメージ（以下、AMI）	イメージ	マシンイメージ

　OSイメージはカスタマイズすることもできます。その詳細は、「ベースイメージとカスタムイメージ」（P.119）で説明します。

図 3-2-3　OSイメージを選ぶ画面（AWS）

ライセンスの持ち込み

　使用するのにライセンスが必要な Red Hat Enterprise Linux や Windows Server は、自身が持つライセンスを持ち込むことができ、そうすると費用を少し抑えられます。ただしライセンスをクラウドに登録するのに少し手続きが必要です。

サーバーとネットワークの関係

クラウドでサーバーを作成する際は「Chapter 3-1 ネットワーク」で説明した仮想ネットワークに必ず接続する必要があります。正確には仮想ネットワーク内のサブネットです。

サーバーインスタンスは1つのサブネットだけに接続することが多いですが、複数のサブネットに接続することもできます。インスタンスがサブネットに接続するためにはネットワークインターフェースを作成する必要があり、ネットワークインターフェースがサブネットに接続されます。

インスタンス作成時には必ず1つのネットワークインターフェースを作成する必要があり、複数のサブネットに接続する場合は2つ以上のネットワークインターフェースの作成が必要です。1つめのネットワークインターフェースは、サーバーインスタンスを作るときに自動で作られます（ただし自動生成は必須ではなく、自動で作らず、既存のネットワークインターフェースを利用することもできます）。

ネットワークインターフェースがサブネットに接続されると、IPアドレスがサブネットの範囲内で割り振られます。割り振られたIPアドレスはインスタンスを停止しても割り振られたままなので、再度起動してもIPアドレスは変わりません。

Chapter 3

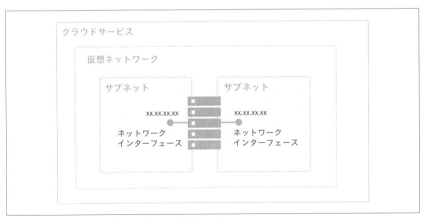

図3-2-4　サーバーは1つ以上のサブネットに接続している

パブリック IP アドレス

前節で説明したとおり、仮想ネットワークで割り振られるIPは、プライベートIPアドレスです。パブリックIPが必要な場合は、インスタンスを作成する際にパブリックIPを有効にするか、起動しているインスタンスに対してあとから設定する必要があります。パブリックIPを有効にしたインスタンスでも仮想ネットワークにインターネットゲートウェイがなければインターネット経由でサーバーにアクセスすることができないので、仮想ネットワークにはインターネットゲートウェイを接続します。AWSとGoogle Cloudの場合はルーティングの設定もするようにしてください。

パブリックIPアドレスは、インスタンス起動時にクラウド事業者から割り振られます。割り振られたパブリックIPアドレスはインスタンスの停止時に解放されてしまいます。再度インスタンスを起動する場合は、パブリックIPアドレスが変わるので注意してください。

パブリック IP アドレスを予約する

インスタンスの停止・開始のたびに変わるIPアドレスではなく、固定のIPアドレスを予約することもできます。クラウド事業者ごとに、IPアドレス予約サービスの名称が異なります。例えばWebサーバー等、不特定多数の人が接続する用途のサーバーであれば、固定IPアドレスで運用するのが望ましいでしょう。

表3-2-5　IPアドレス予約サービスの名称

	AWS	Azure	Google Cloud
IPアドレス予約サービス	Elastic IPアドレス	パブリックIPアドレス	外部IPアドレス

予約しているパブリックIPアドレスは、使うインスタンスを変更することもできます。例えば「XX.XX.XX.XX」というアドレスをインスタンスAに使用していたとします。サービスをバージョンアップしたインスタンスBを起動しておき、「XX.XX.XX.XX」をインスタンスBに使用するようにすれば、使用者から見ると一瞬でサービスがバージョンアップしたように見えます。

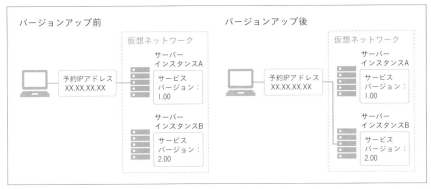

図 3-2-5　予約しているパブリックIPアドレスは、割り当てるインスタンスを変更できる

　パブリックIPアドレスを予約して、それをインスタンスに割り当てて使っていない間も、予約している時間単位での課金が発生するので注意してください。

　インスタンスを削除したにも関わらず費用が発生している場合、予約したIPアドレスを解放していない可能性があります。

管理者ユーザー

　サーバーインスタンスの作成時には、インスタンスを操作するための管理者ユーザーが作成されます。インスタンスのOSによって、作成されるユーザーやアクセス方法が異なります。

　AWSにおいては、ユーザー名は使用するOSによって固定です。AzureとGoogle Cloudは自由に付与することができます。AWSはユーザー名が固定なので、攻撃されやすくなってしまいます。インスタンスを作成したら別の管理者ユーザーを作成し、AWSによって作成されたユーザーではログインできないようにするのが望ましいです。

表 3-2-6　インスタンス作成時における管理者ユーザー名の変更

	AWS	Azure	Google Cloud
ユーザー名	固定（OSにより異なる）	自分で指定できる	自分で指定できる

インスタンスへの接続と認証

サーバーインスタンスを操作するためには、リモートで操作するツール（ソフトウェア）を使います。

OSがLinux系の場合はSSHを使用し、Windows系の場合はリモートデスクトップを使用します。リモート接続するためにはパブリックIPが必要です。リモート接続するための認証鍵は、インスタンス作成時に設定します。接続できない場合は、ファイアウォールかセキュリティグループでSSH（ポート番号：22）やリモートデスクトップ（ポート番号：3389）の通信が許可されていない可能性が高いです。通信を許可するよう設定を変更します。

Linux系OSの認証方式

Linux系のOSは公開鍵認証方式で認証します。鍵のペアはクラウドで管理しているものを使う方法と、自分で用意した公開鍵を登録する方法とがあります。自分で用意した公開鍵を使用できるかどうかは、クラウド事業者によって違います。またAzureだけは、パスワード認証が可能です。

クラウドで用意した鍵を使用する場合、作成した鍵をダウンロードすることになりますが、そのダウンロードした秘密鍵は、絶対になくさないようにしてください。

表3-2-7　Linux系OSの認証

	AWS	Azure	Google Cloud
クラウドで管理する鍵で認証	可能	可能	可能
自分で用意した鍵で認証	不可能	可能	可能
パスワードによる認証	不可能	可能	不可能

Windows系OSの認証方式

Windows系のOSはパスワード認証です。パスワードはインスタンスを操作する管理コンソールから確認できます。

ディスクの拡張と追加

サーバーインスタンスに接続されているディスクは、後から拡張することや、追加することができます。ディスクの容量が足りなくなったら、拡張や追加をしましょう。ディスクの拡張は、サーバーインスタンスが起動している際にもできます。

ディスクは各クラウド事業者でさまざまな種類が用意されており、IOPS（秒間の書き込み読み込み回数）を指標として、サーバーインスタンスに必要なスペックで選択します。

ディスクはサーバーインスタンスと切り離すことができるので、サーバーインスタンスを新しくしたい場合は、古いサーバーインスタンスからデータが格納されているディスクを切り離して新しいサーバーインスタンスへ追加することで、新しいサーバーインスタンスですぐにデータを使うことができます。

バックアップとリストア

サーバーインスタンスのバックアップは、ディスクをスナップショット化することで簡単にできます。ディスク全体をスナップショットとして保存することができ、バックアップとして活用できます。スナップショットからサーバーインスタンスを作成することで簡単にリストアができるのですが、クラウド事業者でやり方が多少異なります。設定はディスクのメニューで行います。

AWSでのリストア

AWSはスナップショットからAMIを作成し、作成したAMI（マシンイメージ）からインスタンスを作成することでリストアできます。

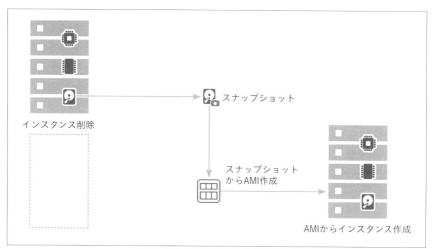

図 3-2-6　AWS は AMI を作成し、リストアできる

Azure でのリストア

　Azure ではスナップショットからディスク（Azure Disk Storage）を作成し、作成した
ディスクを使用してサーバーインスタンスを作成することでリストアできます（図 3-2-7）。

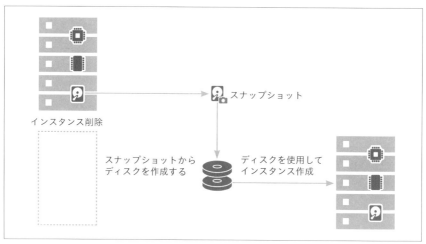

図 3-2-7　Azure はディスクを作成し、リストアできる

Google Cloudでのリストア

　Google CloudはAWSのようにスナップショットからマシンイメージを作成してリストアすることもできますが、スナップショットからダイレクトにインスタンスを作成できるので、より簡単です（図3-2-8）。

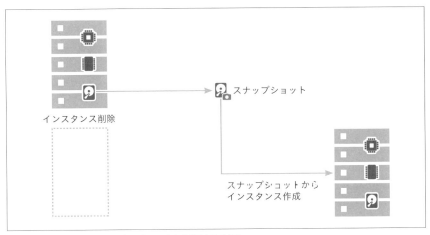

図3-2-8　Google Cloudはスナップショットからリストアできる

ベースイメージとカスタムイメージ

　OSイメージには、2種類あります。クラウド事業者が用意するあらかじめOSがインストールされているベースイメージと、ベースイメージを元に自分で作成するカスタムイメージです。

　カスタムイメージは、ベースイメージでインスタンスを作成したのちに、必要なアプリケーションのインストールやファイルの書き換えなどをしてカスタム化し、そのインスタンスを元として、カスタムイメージを作成します。

　カスタムイメージを元に作成したインスタンスは、こうして手を加えたアプリケーションがインストールされ、ファイルがあらかじめ書き換えられた状態で起動します。

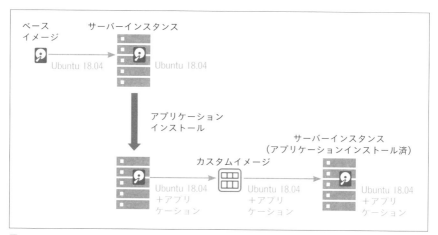

図3-2-9　クラウド事業者が用意するベースイメージと、自分で作成するカスタムイメージが使える

サーバーとディスクの費用

　サーバーは、稼働した時間に、サーバーの種類によって決まる料金を掛けた金額が、費用としてかかります。高スペックなサーバーの種類を選び、常時起動しておけば、その分、高額になります。どんな高スペックなサーバーインスタンスでも、停止しておけばサーバーインスタンスに接続されているディスク費用以外はかかりません。

　それに対し、ディスクは確保した領域の容量分だけ、支払う必要があります。サーバーインスタンスを削除しても費用が発生しているときは、ディスクのサービスを削除していない場合が多いので確認しましょう。

まとめ

- クラウドでは、**CPU とメモリが仮想サーバーとして提供される**
- ディスクのサービスに**OS をインストールして利用する**
- サーバーには固定の**パブリックIP アドレスも設定できる**

重要度：高　**変化度：高**　ビジネス　エンジニア　アドバンス

Section 3　負荷分散

インスタンスを複数用意して負荷を分散させる場合や、負荷に応じてインスタンスの数を増減するようなシステムを作る場合、ゾーンやリージョンをまたいだシステムを構築する場合に欠かせないのが負荷分散サービスです。

負荷分散サービス

　負荷分散サービスを使用する理由は大きく分けて2つあります。1つ目は大量のリクエストを同時に処理することを目的として、複数のサーバーインスタンスを使用する場合です。負荷分散サービスがユーザーからのリクエストを一度受け取り、そのリクエストを複数ある背後のインスタンスにリクエストを割り振ることで、1台当たりのサーバーインスタンスの負荷を軽減できます。

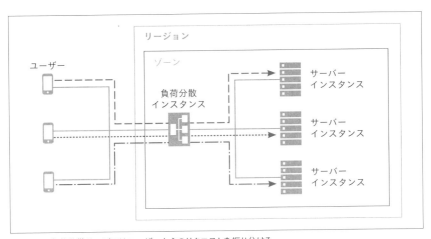

図3-3-1　負荷分散サービスはユーザーからのリクエストを振り分ける

　もうひとつは、冗長構成にしてサービスの稼働率を上げることを目的として、複数のサーバーインスタンスを使用する場合です。例えば、2つの異なるゾーンにサーバーインスタンスを作成し、負荷分散サービスを使ってリクエストを割り振ります。この構成で

運用すれば、片方のゾーンで障害が発生してそのゾーンにあるサーバーインスタンスが使用不可能になったときに、負荷分散サービスが、使用不可能なサーバーインスタンスを除外し、もう片方のゾーンにあるサーバーインスタンスにだけ割り振ってくれるので、システムは問題なく稼働し続けられます。

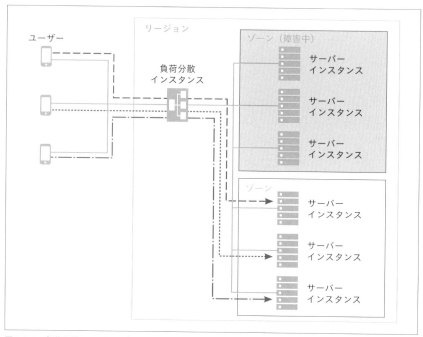

図3-3-2　負荷分散サービスとゾーンをまたいだ冗長化で稼働率を上げる

通信プロトコルでサービスを選ぶ

　負荷分散のサービスは、クラウド事業者からマネージドサービスとして提供されます。分散対象とする通信プロトコルによって、使用するサービスが異なります。

■ HTTP/HTTPS負荷分散サービス

　HTTP/HTTPS負荷分散サービスは、その名の通り、HTTP/HTTPSを分散する負荷分散サービスです。パソコンやスマートフォンのブラウザから使われるような「Webシステム」として構築されるシステムでは、HTTP/HTTPS負荷分散サービスを使用します。HTTP/HTTPS負荷分散サービスでは、リクエストURLに含まれるパス（例えば、https://

www.example.com/imagesであれば「/images」の部分）ごとに、リクエストを割り振る
インスタンスを変えるルールを設定することもできます。

各事業者でサービスの名前が異なります。

表3-3-1　HTTP/HTTPS負荷分散サービスの名称

	AWS	Azure	Google Cloud
HTTP/HTTPS負荷分散サービス	Application Load Balancer	Application Gateway	HTTP(S) Load Balancing

■TCP/UDP負荷分散サービス

クラウドにはHTTP/HTTPSのように高いレイヤーの通信だけでなく、TCPやUDPの低
いレイヤーを分散させるサービスもあります。ファイルの送受信や動画の送受信など、
HTTP以外の独自の通信プロトコルを使用したい場合に使用します。TCP/UDP負荷分散
サービスも各事業者でサービスの名前が異なります。

表3-3-2　TCP/UDP負荷分散サービスの名称

	AWS	Azure	Google Cloud
TCP/UDP負荷分散サービス	Network Load Balancer	Load Balancer	TCP Load Balancing、UDP Load Balancing

負荷分散の方法

構築するサーバーインスタンスに対して負荷分散する方法は、主に2通りあります。

グローバルな負荷分散

各クラウド事業者でリージョンやゾーンをまたいで、インターネット向けのグローバ
ルな負荷分散を実現する方法です。リージョンをまたいで障害可用性（障害が起きても
システムを止めることなく稼働し続けること）を高めたシステムを構築する例は、図
3-3-3の通りです。

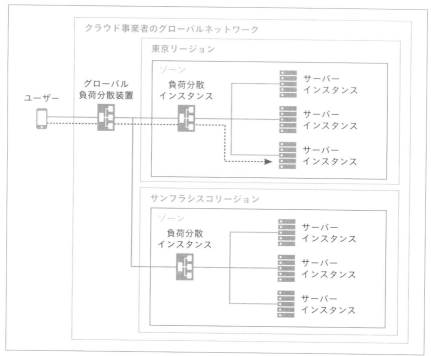

図 3-3-3　リージョンをまたいだ負荷分散が可能

　リージョンだけでなく、ゾーンをまたいだ負荷分散も可能です。

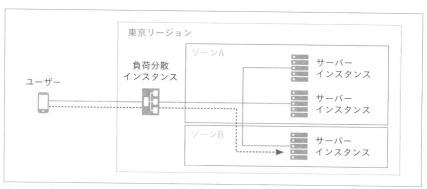

図 3-3-4　ゾーンをまたいだ負荷分散も可能

内部だけの負荷分散

　データベースへのアクセスのように、インターネットを経由せずに、内部ネットワークだけで使用する通信も負荷分散できます。例えば読み取り専用のデータベースを複数用意しておき、アプリケーションからのデータベースアクセスを負荷分散することで、データの読み取り速度を向上できます。また、こうした構成にしておくと、1台のデータベースに障害が発生した際も、他のデータベースへアクセスを割り振ることで、システムを使い続けることができます。

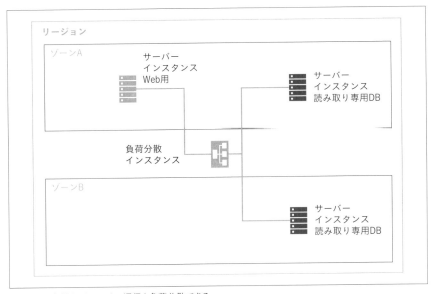

図 3-3-5　内部ネットワークの通信も負荷分散できる

負荷の監視とオートスケーリング

　クラウドでは負荷分散と同時にオートスケールを構成することで、効率的な運用を実現できます。

インスタンスのグループ化

仮想ネットワークに存在するインスタンスに対して負荷分散を行いたい場合、まず、グループと呼ばれる論理的なグループを作成します。このグループに対して負荷分散が行われます。

クラウド事業者によりグループの名称が異なります。

表 3-3-3　インスタンスグループの名称

	AWS	**Azure**	**Google Cloud**
インスタンスのグループ化	Auto Scaling グループ、ターゲットグループ	仮想マシンスケールセット	インスタンスグループ

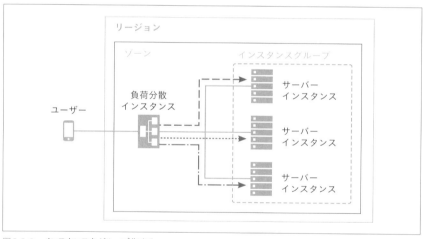

図 3-3-6　インスタンスをグループ化する

オートスケーリング

スケーリングとは、負荷に応じてインスタンスの数を増やしたり減らしたりすることです。増やすことをスケールアウト、減らすことをスケールインと言います。オートスケーリングとは、それを自動化する仕組みです。インスタンスをグループ化する際に最小のインスタンス数と最大インスタンス数を設定しておき、負荷分散サービスに対しては、負荷分散先をインスタンスグループに指定しておくと、リクエスト状況やインスタン

スの負荷状況に応じてオートスケーリングするようになります。負荷が高まれば自動で
スケールアウト（インスタンス数の増加）し、負荷が少なくなれば自動的でスケールイ
ン（インスタンス数の削減）します。

　オートスケールを設定する際には、グループに対してアプリケーションが含まれたカ
スタムイメージを設定しておきます。負荷の増加に伴ってインスタンスが増える場面で
は、そのカスタムイメージをもとにインスタンスが作られます。ベースイメージから作成
されたインスタンスはOSしか入っていないため、負荷分散サービスからリクエストが送
られても応答が返せませんが、アプリケーションが入ったカスタムイメージなら、アプリ
ケーションが動いた状態で起動するので、応答が返せます。

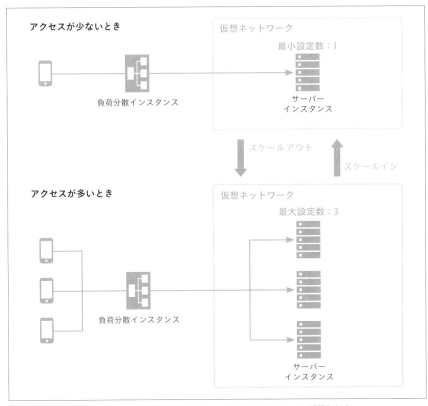

図3-3-7　オートスケーリングを設定すると自動でスケールアウトとスケールインが行われる

ヘルスチェック

　負荷分散サービスは、インスタンスグループ配下のインスタンスに対し、定期的にリクエストへの応答が可能かどうかのヘルスチェックをします。応答がないインスタンスには、処理を割り振らないようにします。

負荷分散の費用

　負荷分散の費用はインスタンスへ転送するデータ量と、リクエストが送られるURLに応じて転送するインスタンスを変更したりするルールの数によって決まります。

> **まとめ** 🖊
>
> ● ユーザーからのリクエストを振り分けるのが負荷分散のサービス
> ● 分散対象の通信プロトコルにより使用するサービスが異なる
> ● リージョンやゾーンをまたいで分散すると障害可用性が高まる
> ● インターネットを経由しない負荷分散も可能
> ● 負荷分散はオートスケーリングと組み合わせると効率的

Section 4 他のネットワークとの接続

クラウドでは、複数のネットワークを互いに接続することもできます。リージョンをまたいだネットワークやオンプレミスとのネットワークを接続できます。

クラウド内で仮想ネットワーク同士をつなぐ

クラウド内でネットワーク同士を接続する場合、ネットワークのピアリングを構成します。ピアリングとは、ネットワーク同士が相互に通信を行うことです。

ネットワークをピアリングで接続する場合、ルーティングの設定が必要です。

以下の図のようにピアリングを行うとします。

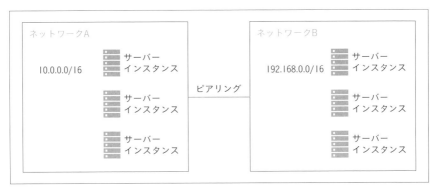

図3-4-1　ピアリングの例

この場合、ネットワークAに設定すべきルーティングは、以下の通りです。

表3-4-1　ネットワークAのルーティング

宛先IPアドレス	転送先
10.0.0.0/16	自分自身のネットワーク
192.168.0.0/16	ネットワークB

逆にネットワークBに設定すべきルーティングは、次の通りです。

表3-4-2　ネットワークBのルーティング

宛先IPアドレス	転送先
10.0.0.0/16	ネットワークA
192.168.0.0/16	自分自身のネットワーク

　AWSとAzureはリージョンをまたぐネットワークを作成できないので、複数リージョンでシステムを構築する場合には、ピアリングが必須です。
　なお、利用しているネットワークアドレスが重複するネットワークをピアリングすることはできません。

オンプレミスとつなぐ

　オンプレミスとクラウドとをつなぎたい場合、2通りのやり方があります。ひとつはインターネット経由でVPN接続する方法、もうひとつは専用線で接続する方法です。

VPN接続

　VPN接続とは、インターネット接続を経由した暗号化通信を用いて、プライベートネットワークへの接続を実現する仕組みです。インターネットを経由するので、後述する専用線で接続するより安価ですが、インターネットへの接続が切断された場合、VPN接続も切断されます。
　VPN接続サービスを使うと、オンプレミスの環境のネットワークとクラウドの仮想ネットワークをVPN接続できます。接続のエンドポイント（接続点）をどこに置くかで利用するサービスが異なります。「オンプレミス側にVPN接続機器を用意してクラウド側から接続する場合」、「クラウド側にVPN接続のエンドポイントを用意してオンプレミス側から接続する場合」の2パターンがあります。

表 3-4-3　VPN 接続サービス

	AWS	**Azure**	**Google Cloud**
オンプレミス側に エンドポイントを用意	AWS Site-to-Site VPN	VPN Gateway	Cloud VPN
クラウド側に エンドポイントを用意	AWS クライアント VPN	VPN Gateway	Cloud VPN

専用線

　オンプレミスとクラウドとを専用線で接続することもできます。クラウドと直接接続する回線と設備を揃えれば、直接回線を接続できますが、費用を考えると現実的ではありません。そこで、各クラウド事業者が用意しているパートナー経由でクラウドに接続します。専用線で接続する場合は、インターネットを経由せずにクラウドのリソースを使うことができます。インターネットを経由しないので、VPN 接続と比べて接続が安定します。デメリットとして、接続する場所が「会社の事業所のみ」というように限定される点と、費用が高額な点が挙げられます。

表 3-4-4　専用線接続サービス

	AWS	**Azure**	**Google Cloud**
専用線接続サービス	AWS Direct Connect	Azure ExpressRoute	Cloud Interconnect

クラウド同士でつなぐ

　AWS と Azure というように、異なるクラウド事業者の異なるネットワークを接続したい場合は、上記の VPN 接続サービスを使用して接続します。

まとめ 🖊

- 仮想ネットワーク同士をピアリングで接続できる
- クラウドのネットワークをオンプレミスとも接続できる
- オンプレミスとの接続には **VPN 接続**と**専用線接続**がある

クラウドのピアリングハブ

少し話はそれますが、クラウドのピアリングハブサービスを解説します。

仮想ネットワーク同士をつなぐピアリングやVPN接続は、1対1の接続サービスです。少ないうちは良いのですが、相互に接続したいネットワークが増えてきたらどうでしょう。3つのネットワークを接続する場合は3回のピアリングが、4つのネットワークを接続する場合は6回のピアリングが必要になります。このようにネットワークが増えてくるとピアリングの回数が増えてしまいます。ピアリングが増えると管理も大変ですし、ルーティングもかなり大変です（図3-4-2）。

これを一手に引き受けてくれるのがピアリングハブサービスです。仮想ネットワークのピアリングを一手に引き受け、一元管理できます（図3-4-3）。

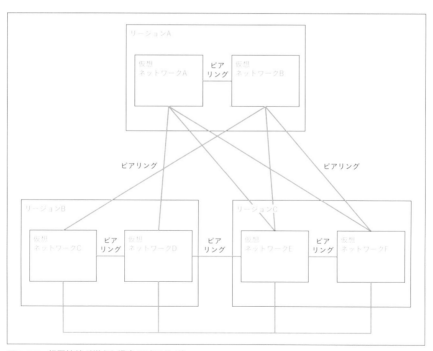

図3-4-2　相互接続が増えた場合のピアリング

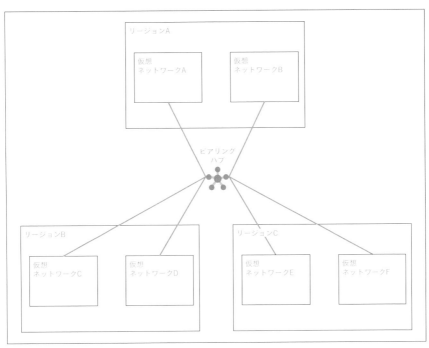

図3-4-3　ピアリングハブサービス

　各クラウド事業者のピアリングハブサービスの名称は異なります。2021年5月現在、Google Cloudはプレビュー版として提供されています。

表3-4-5　ピアリングハブサービス

	AWS	Azure	Google Cloud
ピアリングハブ	AWS Transit Gateway	Azure Virtual WAN	Network Connectivity Center（プレビュー版）

Section
5

ドメイン名とDNS

ドメイン名でサービスにアクセスしたい場合、ドメインの取得が必要です。ドメインとは、"pub.mynavi.jp"のようにインターネットのアドレスを表すもので、インターネットでは日常的に使われています。

DNSサーバー

クラウドとは直接関係ない話ですが、サービスの解説に入る前に、ドメインの利用を実現するためのDomain Name System（以下DNS）について解説します。

インターネットには、多数のDNSサーバーと呼ばれるものが存在し、ドメインとIPアドレスの解決をしています。パソコンからサイトを見るためにアドレスを入力した際、初めにDNSサーバーに問い合わせてIPアドレスを取得し、そのIPアドレスをもつサーバーからコンテンツを取得することでサイトを見ることができます。

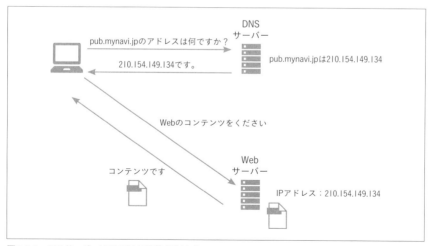

図3-5-1　DNSサーバーはIPアドレスを教えてくれる

レジストラ

ドメインを取得するためには、レジストラとよばれる機関に登録する必要があります。レジストラに料金を支払い、ドメインを取得します。

DNS
サーバー

pub.mynavi.jp は 210.154.149.134

図 3-5-2　レジストラにドメイン名とIPアドレスを登録する

ドメインとクラウド

少し話がそれましたが、クラウドの話に戻りましょう。クラウドサービスの中にはドメインに関連したサービスがあります。前節で説明したレジストラについても、クラウドサービスの中で用意されています。

表 3-5-1　レジストラとDNSサービス

	AWS	Azure	Google Cloud
レジストラ	Amazon Route 53	App Service ドメイン	Google Domains (Google Cloud 外のサービス)
DNSサーバー	Amazon Route 53	Azure DNS	Google Cloud DNS

クラウドでドメインを使うためには、レジストラへのドメインの取得・登録と、DNSサーバーが必要です。

レジストラへの登録

クラウドのレジストラのサービスを使用するか、クラウド外のレジストラを使用してドメインを取得します。クラウド外のレジストラを使用する場合は、ドメインのクラウドへの持ち込みが必要です。

Google Domains は Google Cloud 外のサービスであるため、クラウド外のレジストラを使用した場合と同じように Google Cloud への持ち込みが必要です。

DNSサーバーの構築

　クラウドにあるDNSサーバーサービスを使用してDNSサーバーインスタンスを作成します。DNSサーバーインスタンスにはドメインとサーバーインスタンスのIPアドレスの設定をします。

まとめ ✏️

- ● サーバーへの接続は、**DNS**サーバーから取得する**IP**アドレスを使う
- ● ドメインを取得するにはレジストラへの登録が必要
- ● クラウドにもレジストラと**DNS**サーバーのサービスがある

Column

Amazon Route 53 の負荷分散機能

　AWSのRoute 53は、レジストラとDNSサーバーの他に、負荷分散の機能も兼ね備えています。1つのドメインに対して、複数のサーバーインスタンスのIPアドレスを設定しておくと、Route 53がリクエストに応じて異なるサーバーインスタンスのIPアドレスを順番に返します。さらに、設定されているサーバーインスタンスのIPアドレスに対してヘルスチェックを行い、応答がないIPアドレスは返さないようにすることもできます。

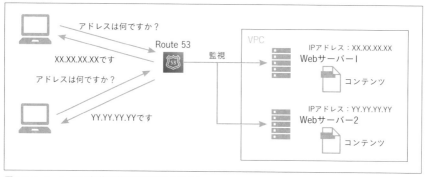

図3-5-3　Route 53は負荷分散の機能も兼ね備える

Chapter **4**

クラウドのデータにかかわる
サービス

Chapter 3では、インフラの基本となるクラウド
サービスについて解説しました。この章ではク
ラウドサービスのうち、データやファイルを扱う
サービスについて解説します。

Section 1 ストレージ

ファイルを格納するために使うのが、ストレージサービスです。システムの処理に使う通常のファイルを格納するサービスや、長期間保管が必要なファイルを格納するサービスがあります。

ストレージサービス

クラウドにはデータを格納するストレージサービスがあります。それぞれの事業者で名称は異なりますが、用途や使い方は似ています。

表4-1-1　ストレージサービス

	AWS	Azure	Google Cloud
サービス名	Amazon Simple Storage Service（以下、Amazon S3）	Azure Blob Storage	Google Cloud Storage（以下、GCS）

ストレージは主にデータを保管するのに使用します。Chapter 3で説明したディスクのバックアップや監査ログ等の保管が必要なファイルを格納するのに使用します。

マネージドサービス

ストレージはマネージドサービス（P.065参照）のため、運用はクラウド事業者に任せることができます。サーバー障害の復旧や、悪意ある攻撃からのデータの保護はクラウド事業者が対応してくれます。サービスレベル（サービスの稼働率）も高く保障されているので、安心してデータの保管を任せることができます。

ストレージとディスクの違い

　ストレージサービスと Chapter 3 で解説したディスクサービスの違いは、独立して使用するか、それともサーバーに接続して使用するかです。

　独立して使用するのがストレージ、サーバーインスタンスに接続して使用するのがディスクです。どちらもデータやファイルを保存しておくサービスで、少し混同しやすいので注意しましょう。

　例えるとパソコンに接続されているHDDやSSDがディスクで、ネットワーク経由でファイルを送受信するファイル共有サーバーがストレージです。

　たとえば、あるサーバーインスタンスがあるとします。サーバーのログがディスクに出力されており、ログファイルは監査のためサーバーとは別に保管する必要があります。この時、ログファイルの保管場所としてストレージを使用し、サーバーインスタンスは1日に一度ログをストレージへ保存します。

　このように保存先としてストレージを使うことで、ログを一カ所にまとめて分析できますし、何より、サーバーインスタンスが障害を起こしても、ログを残しておけます。

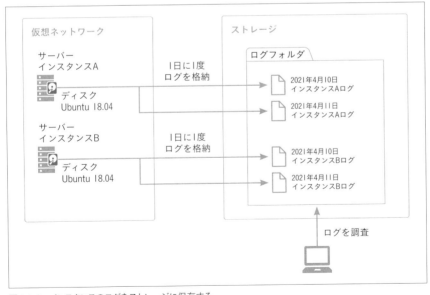

図4-1-1　インスタンスのログをストレージに保存する

ストレージは、インスタンスのバックアップイメージの保存先としても、よく使われます。

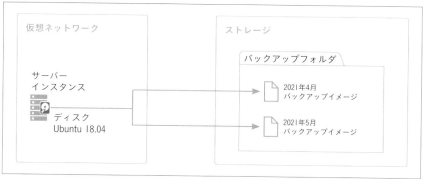

図 4-1-2　インスタンスのバックアップイメージを保存する

バックアップ ▶ P.117 へ

バケット

　ストレージサービスを利用するためには、バケットと呼ばれるファイルを格納する場所を作成します。バケット単位でリージョンを指定します。後述するレプリケーションに関してもバケット単位で設定します。

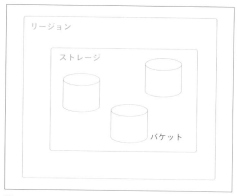

図 4-1-3　ストレージは、バケットを作成して利用する

Point

Azureのバケット

Azure は AWS や Google Cloud と名称が異なり、バケットではなくコンテナという名称で呼ばれます。本書では Azure のコンテナもバケットと記載します。また、コンテナを利用する際には、その上位の単位として、リージョンやレプリケーションを構成するストレージアカウントを作成して使います。

アクセス制御

バケットに対しては、アクセス制御をかけられます。バケットに保存したそれぞれのファイル単位でのアクセス制御も可能です。

フォルダ

バケットへのデータ保管はファイル単位です。フォルダを作成し、構造的に格納することができます。

図4-1-3　ストレージにはファイル単位で保存。フォルダも作成できる

バケットへのアクセス

バケットへのアクセス方法はいくつかあります。ブラウザで開く管理コンソール画面からアクセスする方法や、各クラウド事業者が提供するツール（SDK：System Development Kit）を使用する方法、Cyberduck のようなサードパーティ製ツールを使用する方法です。

バケットにアクセスするには、設定されているアクセス制御の通りの権限が必要で、認証が必要になります。

管理コンソールからアクセスするときは、管理コンソールにログインしたときのユーザーで認証されるのですが、ツールを使う場合は、ログイン名とパスワードではなく、認証情報が保存された認証情報ファイルを使います。その詳細は「Chapter 6-2　ユーザーとグループ、権限」で説明します。

表 4-1-2　バケットにアクセスできるツール

ツール名	対応OS	URL
Cyberduck	macOS、Windows	https://cyberduck.io/
FileZilla	macOS、Windows、Linux	https://ja.osdn.net/projects/filezilla/
WinSCP	Windows	https://ja.osdn.net/projects/winscp/

ストレージの種類とレプリケーション

　ストレージには種類があり、アクセス速度が異なるので、格納するファイルの使用頻度によってどれを使うかを決めます。さらに可用性を高めるために、異なるリージョンにコピーを保管するレプリケーションという仕組みも用意されています。
　ストレージの種類は、アクセス頻度で選びます。そして、可用性を高めるかどうかで、レプリケーションの有無を選びます。この2つの組み合わせを選ぶことがストレージでは必要です。

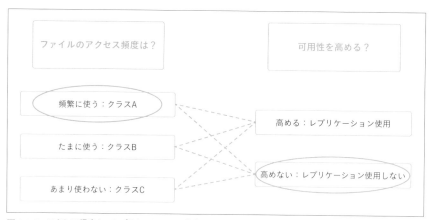

図 4-1-4　アクセス頻度と、レプリケーションの有無でストレージの種類を選ぶ

ストレージの種類

　各クラウド事業者が提供するストレージにはいくつかの種類があり、アクセス速度によって費用が異なります。アクセス速度が速いストレージは費用が高くなり、逆に遅いストレージは費用が安くなります。保管するファイルの用途によって使い分けます。

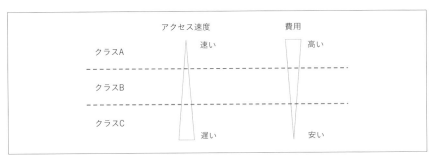

図4-1-5　ストレージにはアクセス速度と費用が異なるいくつかの種類が用意されている

　例えば、監査データとして5年間保管しておく必要があるデータであれば、量が多い一方で参照する頻度が少ないため、アクセス速度が遅いストレージを使うと費用を抑えられます。逆に、1日の売り上げデータを保管して毎日分析して活用する場合は、分析処理の速度向上のため、アクセス速度が速いストレージを使用すべきです。

Point

アーカイブサービス

　クラウドのサービスには、使用することがほぼないファイルの保管に適したアーカイブのサービスがあります。バケットに格納してあるファイルをアーカイブ（圧縮して）して格納するサービスです。アクセス速度が遅くファイルの参照に費用がかかりますが、その分格納にかかる費用が安価です。

表4-1-2　アーカイブサービス

	AWS	**Azure**	**Google Cloud**
サービス名	Amazon S3 Glacier	Azure Blob Storage（アーカイブアクセス層）	Google Cloud Storage（ストレージの種類にアーカイブが存在する）

　本文中の例で出てきた監査データは、使用することがほとんどないと考えると、アーカイブサービスへの保存が適しています。

保管場所とレプリケーション

バケットはゾーン単位ではなくリージョン単位で保管されます。バケットを作る際には、保管するリージョンを選択します。

さらに、複数のリージョンに自動でレプリケーションをしてくれるサービスもあります。レプリケーションすれば、特定のリージョンに障害が発生している場合でも別のリージョンのストレージに保存したファイルにアクセスできるため、可用性が上がります。

静的なWebサーバーとしての利用

ストレージはHTMLとCSSだけで構成されるような静的なWebサーバーとしても使用できます。Webサーバーとして使用するには、バケットとファイルに誰でもアクセスができるよう、アクセス権限を設定します。Google Cloudの場合は、これだけで静的なWebサーバーとして使用できます。AWSとAzureの場合は、さらに、バケットに対してWebサーバーとして使う機能をオンにすることで静的なWebサーバーとして使用できます。

独自のドメインで運用する場合はクラウド事業者から指定されたエンドポイントをDNSサーバーに登録します。このときAWSでは、そのドメイン名を含む決められた名前のバケット名でなければならないという制約があります。

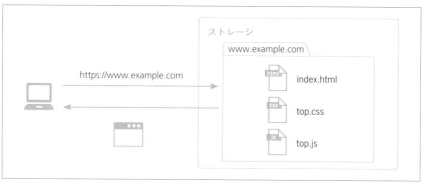

図4-1-6　ストレージは静的Webサーバーとして利用できる

ファイルサーバーサービス

ストレージはサーバーインスタンスからマウントして使うこともできます。複数のインスタンスから同じストレージをマウントすることもできるため、インスタンス間でファイルを共有の場所としても使えます。

ただし、このようにマウントして使用する方法は、費用面で推奨できません。ストレージは保管しているデータ量とファイルの操作回数で費用が発生するためです。一般にインスタンスからファイルアクセスする場合、(自分に直接接続することを前提としているので) 頻繁にアクセスする傾向があるため、それと同じ感覚でストレージをインスタンスからマウントして使用すると、予期せぬ費用が発生する可能性があります。

そうした使い方をしたいときは、代わりに、クラウド事業者が提供している、ファイルサーバーとして利用できるサービスを使用します。

表4-1-3　ファイルサーバーサービス

	AWS	Azure	Google Cloud
サービス名	Amazon Elastic File System (以下、Amazon EFS)	Azure Files (日本語ではファイル共有)	Google Cloud Filestore

まとめ ✎

- サーバーに接続して使うのがディスク、独立して使うのがストレージ
- 異なるリージョンにコピーを保存するのがレプリケーション
- ストレージは、アクセス速度やレプリケーションの有無で種類を選ぶ
- ストレージは静的Webサイトのサーバーとしても利用できる
- ファイルサーバーとして使うならストレージではなく専用サービスを選ぼう

Section 2　コンテンツデリバリーネットワーク

コンテンツデリバリーネットワーク（以下、CDN）は、静的なWebコンテンツをキャッシュする仕組みです。クラウド事業者が持つ広大なネットワーク上に置かれたCDNを使うサービスを紹介します。

CDNのサービス

Chapter4-1の最後で説明した、ストレージを使用した静的なWebサーバーは、負荷の分散ができません。100人が同時にアクセスした場合、100人に対してレスポンスを返す必要があるからです。

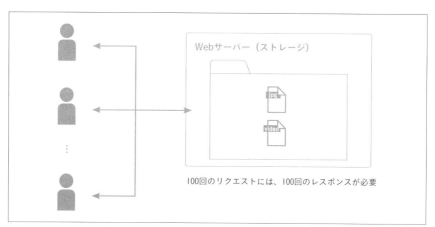

図4-2-1　アクセスした人数分のレスポンスを返す

ここで便利なのがCDNサービスです。各クラウド事業者は、それぞれが管理する世界レベルのネットワークにCDNキャッシュサーバーを置いており、これを使うとキャッシュサーバーに静的なコンテンツのコピーが格納されて、各ユーザーへと配信されます（図4-2-2）。

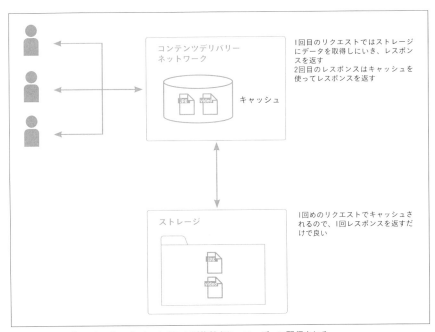

図4-2-2　CDNキャッシュサーバーにコンテンツが格納され、ユーザーに配信される

表4-2-1　CDNサービス

	AWS	Azure	Google Cloud
名称	Amazon CloudFront	Azure Content Delivery Network	Cloud CDN

CDNの仕組みと特徴

　このようにコピーを置いておく操作のことを「キャッシュする」と言います。CDNは
静的コンテンツをキャッシュするサービスです。初回のコンテンツへのアクセスでは、コ
ンテンツが配置されているWebサーバーへアクセスし、コンテンツを取得しキャッシュ
します。この動作において、コンテンツを置いているおおもとのサーバーのことはオリジ
ンサーバー、CDNでキャシュしたサーバーのことはキャッシュサーバーと言います。2回
目以降のアクセスでは、すでにキャッシュされたコンテンツがあるので、改めてオリジン
サーバーへアクセスせず、そのキャッシュしているコンテンツを返します（図4-2-3）。つ

まり2回目以降はオリジンサーバーへアクセスが発生しないため、オリジンサーバーの負荷を軽減できます。また、CDNを構成するキャッシュサーバーは世界中に分散されており、アクセスしてきたユーザーからネットワーク的に最も近いキャッシュから返されるように構成されています。そのためレスポンスも高速になります。

　ここまでの説明からわかるように、この構成では、ユーザーは必ずCDNを経由してアクセスし、オリジンサーバーと直接通信することはありません。ですからオリジンサーバーはCDNとの通信だけ許可すればよいので、インターネットすべてに公開する必要がなくなり、セキュリティも向上します。

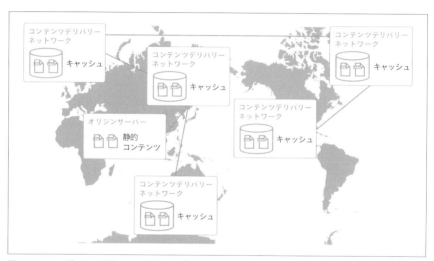

図4-2-3　ユーザーに一番近いCDNからレスポンスが返される

CDNのキャッシュ期限

　CDNはキャッシュされる期限があるため注意が必要です。

　CDNのキャッシュにはキャッシュ期限を指定することができ、そのキャッシュ期限を過ぎると、CDNがオリジンサーバーからコンテンツを取得し直します。逆に言うと、キャッシュ期限が経過するまでは、オリジンサーバーのコンテンツを変更しても反映されません。ですから例えば、本来オリジンサーバーで公開してはいけないコンテンツを誤って公開してしまい、それがCDNにキャッシュされると、オリジンサーバーからコン

テンツを削除してもCDNに残った状態になってしまいます。

　こうした場合には、CDNへキャッシュ削除の操作をして、即時にCDNキャッシュを無効にする必要があります。

CDNと負荷分散との組み合わせ

　静的なコンテンツはCDN、動的なコンテンツは負荷分散サービスという組み合わせで構成すると、効率的なサイト運用が行えます。

　例えば、動画配信サイトを想像してみてください。動画のデータ自体はどのユーザーでも共通なので、静的なコンテンツです。対してレコメンド機能は、ユーザーごとに異なる動的なコンテンツです。

　この場合、動画データはCDNで配信し、レコメンド機能が必要なホーム画面は負荷分散サービスを使用した仮想サーバーで構築することができます。

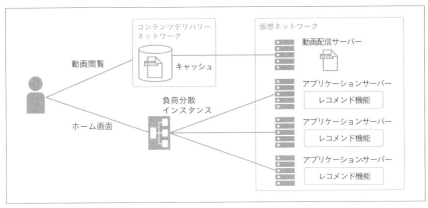

図4-2-4　CDNと負荷分散サービスを組み合わせた例

　ECサイトも同様に、アクセスしてきたユーザーによって変化させる必要のない商品画像等は静的なコンテンツ、購入する商品や個数によって合計金額が変わるようなカートの処理は動的なコンテンツのため、同じような構成で構築できます。

CDN を使った HTTPS 通信化

　Web サーバーは、盗聴や改ざん防止の観点から、セキュリティが高い HTTPS 通信が一般的に求められています。CDN を使うと、通信の HTTPS 化も実現できます。

　CDN で HTTPS 通信をするためには、証明書が必要です。管理コンソールを使えば、CDN に証明書をインストールできます。そうすれば、ユーザーから CDN へのアクセスをHTTPS 通信にできます。しかし、このままだと、ユーザーが（オリジンサーバーの名前をブラウザのアドレス欄に入力するなどして、CDN を経由せずに）直接オリジンサーバーへアクセスした場合は、HTTP 通信となり、HTTPS を強要できません。そこでオリジンサーバーが接続されているネットワークにファイアウォール機能を構成し、CDN のキャッシュサーバー以外からのアクセスを拒否するようにします。そうすれば、オリジンサーバーへアクセスできるのは CDN だけになり、CDN を経由した HTTPS 通信を強要できます。

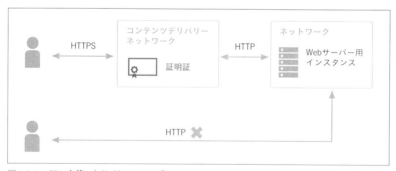

図4-2-5　CDN を使ったサイトの HTTPS 化

Section 3　リレーショナルデータベース

ここではリレーショナルデータベース（以下、RDBと表記）のサービスについて説明します。RDBは、構造化されたデータを格納するための仕組みです。

RDBのサービス

どのクラウド事業者でも、RDBのサービスは、サーバーの管理をする必要がないマネージドサービスとして提供されています。MySQLやPostgreSQLなど、サーバー環境でよく使われているDBエンジンがインストールされたサーバーインスタンスを、すぐに使えます。

表4-3-1　RDBのサービス

	AWS	**Azure**	**Google Cloud**
RDBサービス	Amazon RDS	Azure Database、Azure SQL Database	Google Cloud SQL

使えるDBエンジン

クラウド事業者によって、使えるDBエンジンが異なります。表4-3-2にないDBエンジンは、マネージドサービスとして提供されません。もし使いたい場合は、自分で仮想サーバーを作成し、インストールをして、アンマネージドとして運用します。

表4-3-2　使えるDBエンジン（執筆時点）

	AWS	**Azure**	**Google Cloud**
PostgreSQL	9.6系、10系、11系、12系	9.5系、9.6系、10系、11系	9.6系、10系、11系、12系
MySQL	5.6系、5.7系、8.0系	5.6系、5.7系、8.0系	5.6系、5.7系、8.0系
SQL Server	2012系、2014系、2016系、2017系、2019系	バージョン非公開	2017系

	AWS	Azure	Google Cloud
MariaDB	10.2系、10.3系、10.4系、10.5系	10.2系、10.3系	なし
Oracle データベース	11系、12系、18系、19系	なし	なし

 Point

AWSのAurora

　AWSはこの他に、Amazon Auroraという MySQLや PostgreSQLと互換性があるDBエンジンを提供しています。互換性が担保されていることで、MySQLや PostgreSQLを使うことを前提に作成されたプログラムがそのまま動きます。

　Auroraには、オリジナルのMySQLや PostgreSQLにはない、負荷に応じて自動的にスケールアウト・スケールインする機能を備えています。アクセス数が相当多いシステムや負荷の予測がしづらいシステムに使用するとよいでしょう。

RDBとネットワークの関係

　RDBのインスタンスを、どのネットワークに接続して使うのかは、「AWSの場合」と「Azureや Google Cloudの場合」とで異なります。

AWSの場合

　RDBインスタンスとして、プライベートな仮想ネットワーク上に作成します。仮想ネットワーク外からアクセスしたい場合は、パブリックアクセスの設定を有効にし、AWSから割り振られたパブリックIP経由でアクセスします。

Azureや Google Cloudの場合

　クラウド事業者が管理するパブリックなネットワークに、インスタンスを作成します。プライベートな仮想ネットワークに接続したい場合は、プライベート接続の設定を有効にし、クラウド事業者側に割り振られたプライベートIP経由でアクセスします。

インスタンスへの接続

　RDBインスタンスを作成すると、インスタンスにアクセスするためのエンドポイントが、クラウド事業者より払いだされます。RDBインスタンスとの接続は、このエンドポイントを通じて行います。つまり、システムのプログラムやデータベースツールでは、このエンドポイントを接続先として設定することで、アクセスできるようになります。

　データベースの管理者ユーザーとパスワードは、RDBインスタンスを作成する際に指定します。データベースツールを用いて、管理者ユーザーでRDBインスタンスにログインして操作することで、テーブルや、管理者ではない接続ユーザーを作成できます。

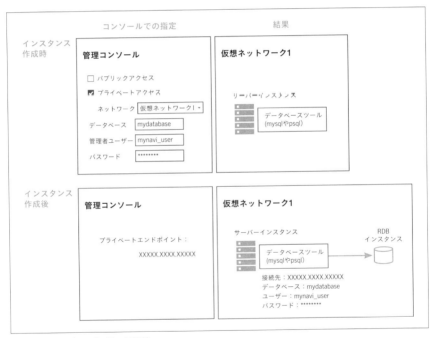

図4-3-1　RDBインスタンスへの接続

レプリケーション

　データベースを2つ用意してデータの同期を行うことをデータベースのレプリケーションと呼びます。クラウドではRDBインスタンスを作成する際、レプリケーションの設定をすることができます。リージョンをまたいだレプリケーションやゾーンをまたいだレプリケーションを作成することで、障害耐性を上げることができます。

Point

ゾーンをまたぐマネージドサービスの呼称

　クラウドのマネージドサービスには、上で紹介したレプリケーション以外にも、ゾーンをまたいだサービスがいくつかあります。クラウド事業者のゾーン障害の影響を受けないようにするため（＝障害耐性をあげるために）に利用します。ゾーンをまたぐサービスは、クラウド事業者によって呼称が異なります。

表4-3-3　ゾーンをまたぐサービス

	AWS	Azure	Google Cloud
ゾーンをまたぐサービス	マルチAZ（Availability Zones）	可用性ゾーン	複数ゾーン、高可用性

バックアップとリストア

　クラウドのRDBインスタンスは、バックアップの取得やデータのリストアが簡単に行えます。

バックアップの保存先

　RDBサービスでは、指定したタイミングで定期的にバックアップ（AWSはスナップショット）を取得します。バックアップはインスタンスが存在するリージョンに保管されます。Google Cloudはリージョンをまたいで保管することができます。

データのリストア

　バックアップからデータベースへデータを戻すことをリストアと呼びます。取得した
バックアップを選ぶだけで、簡単にリストアできます。

バージョンアップ

　RDBサービスはマネージドサービスなので、DBエンジンのマイナーバージョンのバー
ジョンアップが自動で行われます。バージョンアップが行われるメンテナンス時間帯は
クラウド事業者から通知され、その時間帯のうち、実際に作業が行われる数秒〜数分間
は、データベースを使用できません。指定されたメンテナンス時間を少しずらすことは
できますが、必ず行う必要があります。メンテナンスが行われる時間帯はあらかじめ設
定することができるので、構築したシステムが使われていない時間を設定しておきま
しょう。

　レプリケーションを構築している場合は、順番にメンテナンスが行われるため停止時
間がありません。

> ❶ ただしDBエンジンによっては、すべてを同時にバージョンアップしないといけないもの
> もあり、そうしたインスタンスでは、レプリケーションが構成されていても、停止時間が
> 発生することがあります。詳しくは利用するRDBサービスのドキュメントを確認してく
> ださい。

マネージドサービスを使用する
vs サーバーにRDBをインストールする

　クラウドでRDBを使う場合、これまで説明してきたクラウドのRDBを使用する方法を
以外に、サーバーインスタンスにRDBのソフトウェアをインストールして運用する方法
もあります。どう違うかを比較します。

RDBサービスを使用するメリット

RDBサービスを使用するメリットは、大きく3点あります。

■ 1. データベースソフトウェアのインストールが不要

1つ目はデータベースソフトウェア（RDBソフトウェア）のインストールが不要なところです。インストールや設定をクラウド側でやってくれるので、インスタンスを立ち上げるだけですぐに使用できます。

■ 2. バックアップをクラウドに任せられる

2つ目はデータのバックアップをクラウドに任せられるところです。バックアップ方法や取得タイミング等を指定すればクラウドが自動的にバックアップを取得するので、バックアップ処理の監視や管理の必要がなくなります。

■ 3. レプリケーションの設定も任せられる

3つ目はレプリケーションの設定を行ってくれるところです。ゾーンをまたいだデータベースのインスタンスを立ち上げたい場合はデータのレプリケーションが必要になりますが、RDBサービスはレプリケーションを管理コンソールで設定するだけで簡単に行ってくれます。

RDBサービスを使用するデメリット

一方でデメリットはDBエンジンが固定される点です。

新規に構築するシステムだと問題にならないかもしれませんが、オンプレミスからの移行でアプリケーションにあまり手を加えたくない場合、DBエンジンは移行前と同じものを使う必要があります。

クラウド事業者によっては使えないDBエンジンもあるので、その場合はサーバーにデータベースを自身でインストールする必要があります。

まとめ 🖉

- ● **RDBはマネージドで提供されている**
- ● **クラウドによってどのネットワーク上に作成するか異なる**
- ● **レプリケーション、バックアップ、リストアも可能**

Column

サーバー・ディスク・ストレージ・RDB費用の比較

　ここまでで紹介したクラウドサービスのうち、サーバー・ディスク・ストレージ・RDBの４つのサービスについて費用の比較をしていきます。費用の大きい小さいではなく、どういったところに費用が発生するかの比較です。

　まず、サーバーは「インスタンスを立ち上げた時間×インスタンスのスペック」で費用が発生します。メモリやCPUのコア数が多い高スペックなインスタンスを長い時間立ち上げると費用が高くなります。

　ディスクは「スペック×確保した容量×時間」で費用が発生します。ディスクにもスペックがあり、アクセス速度が速いディスクは費用が高額になります。「確保した容量」というのは実際に使っている容量ではなく、クラウド上で借りている容量になります。例えば100G確保して、実際に20G分しか使っていない場合でも100Gの費用が発生します。

　RDBはサーバーとディスクを合わせた形の費用が発生します。
　「インスタンスを立ち上げた時間×インスタンスのスペックにプラスして確保したデータの容量」に応じて費用が発生します。RDBは必要なミドルウェア（DB等）をセットアップしたサーバーとディスクをひとまとめにサービスであることが解ります。

　ストレージはディスクと違って、格納したファイル容量にのみ費用が発生します。

　どのサービスも自身のリージョンからデータを外に送信する場合はネットワークの費用が発生します。
　サーバー、ディスク、RDB、ストレージの費用について、簡単ですが表4-3-4にまとめました。
　サーバーの冗長化やRDBのレプリケーション構成にした場合は、インスタンスの個数が倍になるので費用も倍になります。ディスクのバックアップをとった場合、確保するディスクの量が倍になりますので費用も倍になります（ただし圧縮が効けば、より少なくなります）。

　費用で注意して欲しいのは、リージョンによって費用が異なる点です。同じスペックのサーバーインスタンスを同じ時間起動してもリージョンが異なれば費用が異なります。

Chapter 4

表 4-3-4　サーバー・ディスク・ストレージ・RDB の費用

	インスタンスの費用	データ領域の費用	ネットワークの費用	その他の費用
サーバー	立ち上げた時間×スペック	無し（ディスクに対して発生する）	リージョンから出ていくデータに対して発生	OSのライセンス、パブリックIPアドレスの予約等
ディスク	無し（インスタンスは作成できない）	スペック×確保した容量×時間	無し（直接ネットワーク通信はできない）	
RDB	立ち上げた時間×スペック	スペック×確保した容量×時間	リージョンから出ていくデータに対して発生	ミドルウェア（DB）のライセンス、パブリックIPアドレスの予約等
ストレージ	無し（インスタンスは作成できない）	スペック×格納されているデータの容量×時間	リージョンから出ていくデータに対して発生	データの読み書きの回数

重要度：高　変化度：高　ビジネス　エンジニア　アドバンス

Section 4

NoSQL

NoSQLは非構造なデータを格納できる仕組みです。テーブルを定義する必要がなく、さまざまな形式のデータを格納できます。

非構造化データを扱うNoSQL

リレーショナルデータベースでは構造化したデータを扱いますが、クラウドには非構造化データを扱うNoSQLのサービスもあります。NoSQLには、キーバリュー型、ドキュメント型、グラフ型がありますが、本節ではドキュメント型について解説します。

NoSQL（ドキュメント型）では、データに対してキーとなるIDを付与し、それ以外の項目は自由にデータを入れることができます。データごとに項目を自由につけることができるので、JSONやXMLと同じような構造でデータを格納することができます。

リレーショナルデータベースのようにテーブルを定義する必要がなく、構造が決まっていないデータを格納できるのが特徴です。

キー：00001
名前：いちご
種類：果物
栄養素：
　ビタミンC：50mg
　カロテン：20μg

キー：00002
名前：ブリッコリー
種類：野菜
栄養素：
　ビタミンC：150mg
　葉酸：150μg

キー：00003
名前：黒毛和牛
種類：肉
種類詳細：牛肉
栄養素：
　ビタミンK：15μg
　亜鉛：3mg

図4-4-1　NoSQLで扱うデータ

NoSQLサービス

各クラウド事業者が提供するNoSQLのサービスは、表4-4-1のとおりです。リレーショナルデータベースと同様にすべてマネージドサービスで提供されます。

表4-4-1　NoSQLサービス

	AWS	Azure	Google Cloud
サービス名	Amazon DynamoDB	Azure Cosmos DB	Google Cloud Datastore、Firestore

Point

Datastore と Firestore

Google Cloudにある2つのNoSQLサービスは、歴史的な経緯から2つに分かれています。もともとNoSQLサービスとしてDatastoreが提供されていたところに、モバイル向けバックエンドプラットフォームであるFirebaseから輸入される形でFirestoreがGoogle Cloudに導入されました。

基本的な機能の違いはないのですが、アプリケーションからアクセスするときに使うライブラリが異なります。Datastoreはアプリケーションの下位互換を保たせるためのサービスであり、今後、新しく構築するシステムは、Firestoreを使いましょう。

NoSQLサービスのデータ操作

クラウドで提供されているNoSQLサービスのデータを操作するには、クラウド事業者が提供するSDKを使用して操作します。このSDKはクラウド事業者で異なっており、互換性はありません。例えばAmazon DynamoDBを操作するアプリケーションを開発したとしても、そのアプリケーションでGoogle Cloud Firestoreの操作はできません。

NoSQLサービスを使用する場合はクラウド事業者が固定されるので注意してください。

NoSQLの使いどころ

　NoSQLはリレーショナルデータベースに比べて、データの追加とキー項目の検索が速いです。その代わりに、キー項目以外の検索が遅くなります。また、NoSQLサービスは自動でスケールアウトするので、あらかじめデータ量を決めておく必要がなく、突然のデータ量増加にも自動で対応できます。性能面でも自動でスケールアウトするので、ユーザーが増えて突然データアクセスの頻度が上がっても自動で対応できます。

　例えばIoTのプラットフォームを考えると、将来的につなぐセンサーによってデータの種類が増える可能性があるので、非構造データでのデータ管理が向いています。そして使用するデバイスが一気に増える可能性もあるので、自動でスケールアウトするという点でも、NoSQLが向いています。

図4-4-2　NoSQLに向いているデータの例

　なお、デバイスすべてのデータを分析に使用する場合は、構造化されたデータの方が向いているので、リアルタイムに処理する必要があるデータをNoSQLに保管し、保管したデータを分析する際にリレーショナルデータベースか、次節で説明するデータ分析用のサービスにデータを入れなおすなど、別のサービスと組み合わせて使います。

まとめ ✏

- **NoSQLは非構造化データを格納できる**
- **操作はクラウド事業者が用意するSDKを利用する**
- **自動でスケールアウトする**

Section
5

データ分析

ここではデータの分析用にデータを蓄えるサービスについて解説します。検索や集計に特化したリレーショナルデータベースです。

データウェアハウス

　大規模なデータを分析する場合、素早く分析を行うためにデータを蓄えておくデータウェアハウスを用意する必要があります。

　データウェアハウスはデータを分析しやすい形で格納できて、検索が速く、大容量であることが求められます。

　ビッグデータのように大量なデータは、RDBに格納するとかなりのディスク容量が必要になってしまいます。かといってNoSQLに格納すると、キー以外の検索が遅くなるため、さまざまな軸で分析を行う分析用システムには向きません。そこで、大容量、かつ検索の速いデータウェアハウスが必要になります。

　データウェアハウスは、システムごとに分散してしまっているデータや過去履歴を含めたデータを一か所に蓄えておく仕組みのことです。蓄えたデータを、ビジネスインテリジェンスツールなどを使用して可視化し、分析を行います。

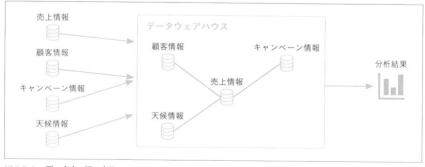

図4-5-1　データウェアハウス

データウェアハウスのサービス

　各クラウドサービスにはデータウェアハウスに適したサービスがあり、容量がほぼ無限大で管理不要なマネージドサービスとして提供されます。

表4-5-1　データウェアハウスのサービス

	AWS	Azure	Google Cloud
サービス名	Amazon Redshift	Azure Synapse Analytics	BigQuery

Point

BigQuery

　BigQueryは有名なサービスなのでご存じかもしれません。2020年7月にBigQueryからAWSとAzureのストレージにあるファイルをテーブルとして使える「BigQuery Omni」と呼ばれる機能が発表されました。この機能により、AWSやAzureに置いてあるデータをGoogle Cloudへ転送することなく分析が行えます。

参考：

https://cloud.google.com/blog/ja/products/data-analytics/multicloud-data-analytics-possible-with-bigquery-omni

データウェアハウスを使って集計する

　データウェアハウスは、ストレージやリレーショナルデータベースからデータをコピーして分析を行います。

　ストレージに保管しているCSVやJSONファイルをインポートする機能や、リレーショナルデータベースのデータをインポートする機能があります。

　データウェアハウスでは、SQLを使ってデータを集計します。厳密にはクラウド事業者が定義するSQLの文法ですが、標準的なSQLに近い文法で使用できます。

SQLの結果をダウンロードすれば、エクセルでも可視化し分析ができます。また
Microsoft Power BIのようにメジャーなBIツールには、クラウドのデータウェアハウス
サービスに直接接続する機能が用意されており、直接接続することで、データを素早く
可視化し、分析ができます。

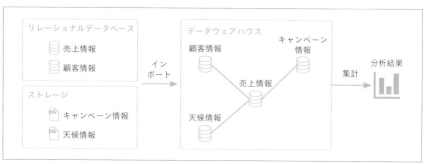

図4-5-2　データウェアハウスを使った集計

まとめ 🖊

- ● データウェアハウスは検索が速く、分析に特化したデータベース
- ● 容量がほぼ無限で、管理不要なサービスとして提供される
- ● ストレージやRDBのデータを利用して分析する

Point
インポートせずに分析するRedshift Spectrum

　AWSのRedshiftには、ストレージにあるファイルのデータを、インポートせずに分析
データとして使うRedshift Spectrumと呼ばれる機能があります。インポートする場合に
比べて性能が劣りますが、ファイルの集約などの処理が必要なくなるので手軽に分析が
できます。

Chapter 5

コンテナと
サーバーレスなサービス

Chapter 4 では基本となるデータに関わるサー
ビスについて解説しました。このほかにもクラウ
ドには便利なサービスがあります。

この章ではコンテナやサーバーレスアプリケー
ションを構築できるサービス、クラウド事業者
が提供している AI を利用するサービスについて
解説します。

Section 1

コンテナ

クラウドにはコンテナに関わるサービスがいくつもあります。コンテナ自体の解説は、本書の主題ではないため、割愛します。ここではコンテナとは、アプリケーションを隔離した環境で動かせる軽量な実行環境として解説します。

コンテナとコンテナイメージ

　コンテナは、アプリケーションを隔離した環境で動かせる実行環境です。コンテナを語る上で外せないコンテナイメージについて解説します。コンテナイメージには実行環境にどのOS（ベースとなるディストリビューション）を使用し、どのようなアプリを入れるのか、起動時にどんなアプリケーションを実行するのかを定義しておきます。

　コンテナイメージは型であり、実際の実行環境がコンテナになります。コンテナイメージを一度作ると、イメージを元に複数のコンテナを作成することができます。

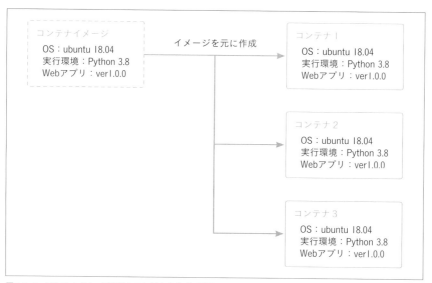

図5-1-1　コンテナイメージを元にコンテナを作成できる

コンテナに関するサービス

コンテナに関わるサービスを簡単に紹介します。個別の機能については後述します。

コンテナに関わるサービスとして、「レジストリサービス」「コンテナ実行サービス」「オーケストレーションサービス」の3つがあります。前項で解説した、コンテナイメージを格納しておくのが「レジストリサービス」です。実際にコンテナが動くのが「コンテナ実行サービス」です。最後の「オーケストレーションサービス」は、コンテナをうまく運用・管理するためのサービスです。詳細は後述します。

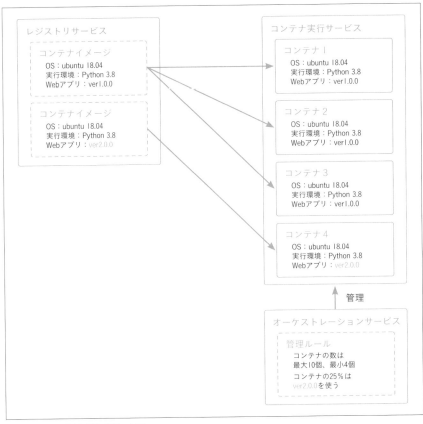

図5-1-2　コンテナに関わるサービス

オープンソースとクラウド

　一般的なコンテナ実行ツールとしてはDocker、コンテナオーケストレーションツールとしてはKubernetes、レジストリとしてDocker Hubがあります。各クラウド事業者はこれらに対応したサービスを提供しており、使い方もほぼ同じです。DockerとKubernetesはオープンソースで開発が行われており、一般的になったことでクラウドサービスでも同じように使うことができるようになりました。

　DockerとKubernetesを使って構築されたサービスは、どのクラウド事業者でも動かすことができます。DockerとKubernetesについて詳しくは専門書籍[※1]をご覧ください。

> ❶ ※1　『仕組みと使い方がわかる Docker&Kubernetesのきほんのきほん』（小笠原 種高 著、2021/1、マイナビ出版刊）などをお勧めします。

レジストリサービス

　レジストリサービスは、コンテナイメージを格納するサービスです。Dockerを使ったことがある人は、独自のDocker Hubと理解していただくと早いです。
　レジストリサービスには、自分で作成したコンテナイメージを登録できます。Docker Hubでも同様のことができますが、Docker Hubだとプライベートなレジストリを作成すると有料だったり、チームで使用するとユーザー1人当たりの費用が発生したりするので、費用が高額になってしまいます。
　クラウド事業者の提供しているレジストリサービスは完全にプライベートで、ユーザー数の制限はないのでチームで使うことができます。費用も、保存しているコンテナイメージの容量と、レジストリサービスからイメージをダウンロードするネットワーク転送量のみのため、あまり高額になりません。
　後述するコンテナ実行サービスやサーバーレスのサービスは、このレジストリサービスからコンテナイメージをダウンロードします。

表5-1-1　レジストリサービスの名称

	AWS	Azure	Google Cloud
レジストリサービス	Amazon Elastic Container Registry	Azure Container Registry	Google Container Registry

コンテナ実行サービス

コンテナ実行サービスは、レジストリサービスからコンテナイメージをダウンロードして、コンテナを動かすためのサービスです。Dockerと同じように、インスタンスを作成する際に、使いたいコンテナイメージを指定すると、これがダウンロードされて実行されます。

なお、コンテナ実行サービスとしての費用はかからず、コンテナで使用したリソースの費用のみ発生します。

表 5-1-2　コンテナ実行サービスの名称

	AWS	Azure	Google Cloud
コンテナ実行サービス	Amazon Elastic Container Service	Azure Container Instances	Google App Engine（フレキシブル環境）

Point　コンテナとサーバーインスタンスの違い

コンテナと、Chapter 3で説明したサーバーインスタンスは似ていて、機能だけで言うと、ほぼ同じことができます。

主な違いは、軽量（余分な処理が入らず、パフォーマンスの低下が抑えられるという意味）かどうかです。コンテナはあらかじめクラウドが用意したコンピュータ上の隔離された空間で動くのに対し、サーバーインスタンスは仮想化されたコンピュータが用意され、そこにOSなどがインストールされたうえで実行されます。そのためサーバーインスタンスは起動の準備に数分かかります。対してコンテナは、アプリケーションの読み込みだけなので、数秒で起動します。しかしコンテナを使う場合、一度、どんなアプリケーションをインストールして、どんな設定をして、どのプログラムを最初に動かすかなどを定義したコンテナイメージを開発環境で作成した上でレジストリサービスへ登録する必要があり、手間が多くかかります。

コンテナを運用するサービス

コンテナを使ってサービスを運用する場合、リクエストが増えたときに起動している
コンテナ数を増やして負荷分散を行ったり、何らかの不具合で応答できていないコンテ
ナを検知して強制終了し、代わりに別のコンテナを起動するなどすることで、大規模な
環境でも停止することなく安定した運用ができます。このように複数のコンテナを管理
することをオーケストレーションと言います。

クラウドサービスには、コンテナオーケストレーションをするサービスもあります。実
質は、コンテナのオーケストレーションツールとして有名なKubernetesです。クラウド
事業者が提供するコンテナオーケストレーションサービスを使用すると、コンテナ実行
サービスやレジストリサービスと連携してくれるので、自分でKubernetes環境を用意す
るよりも便利に使えます。

コンテナオーケストレーションを使用する場合、レジストリサービスにコンテナイ
メージを格納しておき、同時に起動するコンテナの最小・最大の数を設定しておけば、あ
とは自動で負荷に応じてコンテナ数が増えたり減ったりします。応答していないコンテ
ナを検知して切り離し、代替の新しいコンテナの立ち上げも行います。

なお、費用としては、オーケストレーションサービスの費用が時間単位でかかります。

表5-1-3　コンテナオーケストレーションサービスの名称

	AWS	Azure	Google Cloud
コンテナオーケスト レーションサービス	Amazon Elastic Kubernetes Service	Azure Kubernetes Service	Google Kubernetes Engine

まとめ 🖊

- コンテナに関するクラウドのサービスは、「レジストリサービス」「コンテナ実 行サービス」「オーケストレーションサービス」の3つがある
- 「レジストリサービス」にはコンテナイメージを登録する
- 「コンテナ実行サービス」は、ほぼDockerと同じように使用できる
- 「オーケストレーションサービス」は、実質Kubernetesである

Section 2 サーバーレス アプリケーションサービス

アプリケーションを開発してデプロイする場合は、一般に、サーバーかコンテナが必要です。しかしクラウドサービスの中にはアプリケーションをサーバーレスで提供するサービスがあり、開発してデプロイすれば、すぐに動かせます。

サーバーレスとは

　サーバーレスとは、開発する人や運用する人がサーバーを意識しなくても良い仕組みのことです。マネージドサービスと似たような仕組みですが、マネージドサービスはマネージドサービスのインスタンスを作成する必要がありました。サーバーレスは事前にアプリケーションのデプロイ等の準備をしておき、必要になったときにインスタンスが起動して処理が行われます。インスタンスの起動と削除はクラウド事業者が行うため、開発者はアプリケーションのデプロイをしておくだけで利用できます。それぞれのクラウドでは、表5-2-1に示すサービスとして提供されています。

表5-2-1　サーバーレスアプリケーションサービスの名称

	AWS	Azure	Google Cloud
サーバーレスアプリケーションサービス	AWS Lambda	Azure Functions	Google App Engine（スタンダート環境）、Google Cloud Functions

実行トリガー

　サーバーレスアプリケーションを実行するには、処理を開始する契機となる実行トリガーが必要です。

　Webシステムであれば、HTTPリクエストを実行トリガーとして設定します。ほかにも、ストレージに保管してあるファイルが更新された等の通知や、メールが届いたときの

Chapter 5

通知などを実行トリガーにできます。こうしたトリガーのことをイベントと言います。

例えばストレージに格納してあるファイルが作成されたときや、更新されたときのイベントを実行トリガーとしたサーバーレスアプリケーションを作成すれば、ファイルが更新されたときにSlackなどの別サービスへ通知する仕組みを作れます。

図5-2-1　トリガーでアプリケーションが実行される

オートスケール

サーバーレスアプリケーションサービスは、負荷に応じて自動的にスケールします。同時に100個のトリガーが発生した場合、クラウド事業者によって100個分のリソースが自動的に割り当てられ、並列に処理されます。

こうした割り当ては完全に自動であるため、開発者がサーバーの運用について意識する必要がありません。ただし無制限にリソースが割り当てられるわけではなく、リソースの上限は決めることができます。

アプリケーション開発の仕方

サーバーレスアプリケーションサービスで動くアプリケーションを作成する場合、クラウド事業者が提供するSDKを使います。

❗ なお、AWSのLambdaは、SDKを使ってアプリケーションを作ることもできますが、管理コンソールからSDKを使わずに作成することもできます。

クラウド事業者ごとにSDKは異なり、仕様も異なるので、たとえばAWS向けに開発したアプリケーションはAzureでは使えません。同様にオンプレミスで動いていたアプリケーションをそのまま移行することもできません。ただし、Google Cloudのサーバーレスアプリケーションサービスは例外で、一般的なOSSを用いて作成されたアプリケーションであれば、そのまま移行できます。

ⓘ Google Cloudはクラウド事業者のSDKを使用せず、一般的なOSSのエントリポイントで動いているため、移行が可能です。

　AWS Lambdaでは、コンテナのサポートが始まりました。コンテナを使用するとクラウド事業者が提供するSDKを使用することなく、サーバーレスアプリケーションを作成できます。これにより、オンプレミスからサーバーレスへの移行も楽になります。

まとめ ✏️

- ● サーバーレスアプリケーションサービスでは、サーバーインスタンスを事前に用意することなく、アプリケーションを動かすことができる
- ● HTTPリクエストのほか、各種サービスのイベントを実行トリガーにできる
- ● サーバーレスアプリケーションサービスは、負荷に応じて自動的にリソースの割り当てが増やされる
- ● アプリケーションは事業者が提供するSDKで開発する

Chapter 5

サービス間の連携

クラウドでシステムを構築する場合、さまざまなサービスを使い、連携しながら全体を構築することも少なくありません。そこでクラウドには、サービス同士を連携するためのサービスも提供されています。

同期連携と非同期連携

　一般的にシステムを連携する場合、同期連携と非同期連携の2つの方法があります。同期連携の場合、連携元のシステムが連携先のシステムの処理結果を待ちます。非同期連携の場合、連携先のシステムの処理結果を待ちません。

同期連携

　連携元のシステムが、連携先のシステムの処理結果を待つやり方です。リクエストを送った側が、連携先の処理結果を知る必要がある場合に使います。連携先のシステムの処理が長い時間かかるなら、ずっと処理が完了するまで待たされますし、連携先で障害が発生して処理が異常終了した場合、連携元のシステムも処理が異常終了することになります。

非同期連携

　連携元のシステムが、連携先のシステムの処理結果を待たないやり方です。処理結果を待たないので、連携先のシステムの処理が長くても、関係なく次の処理を進められます（図5-3-1）。
　非同期連携をする場合、キューイングという仕組みを使います。キューと呼ばれる箱を用意しておき、連携元のシステムは、キューに対してメッセージと呼ばれるデータを送信します。キューにメッセージを入れた時点で連携元の処理は完了で、次の処理に進みます。

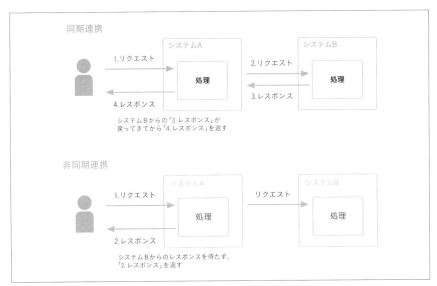

図 5-3-1　同期連携と非同期連携

キューにデータが届くと、連携先に通知されます。連携先では、そのキューからメッセージを取り出すことで処理します。キューは、1対1の通信だけでなく、多対多の通信もサポートします。

例えば、リクエストがあった際に、時間がかかる処理があったとします。時間がかかる処理の結果が、リクエストを送ってきたユーザーに関係ない場合は、すぐにレスポンスを返すのが親切です。このようなときには、非同期連携にするのが適切です。

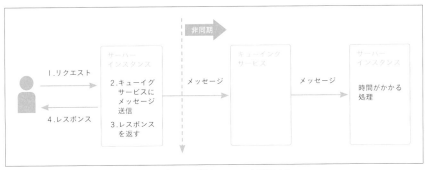

図 5-3-2　キューを使って、連携するトリガーでアプリケーションを実行する

キューを用いた非同期呼び出しサービス

　クラウドには、こうしたキューイングサービスがマネージドサービスとして提供されていて、非同期連携のときは、これを使います。

　具体的には、まずキューを作成し、連携元のシステムにはキューに対してメッセージを送信する処理を、連携先のシステムにはキューからメッセージを取り出す処理を、それぞれ実装することで連携します。

　キューにはメッセージの有効期限を決めることができ、期限が切れたメッセージは、期限切れのメッセージを保管しておくキューに保管することもできます。

表 5-3-1　キューイングサービスの名称

	AWS	Azure	Google Cloud
キューイングサービス	Amazon Simple Queue Service（SQS）	Azure Service Bus	Google Cloud Pub/Sub

Column

IoTデバイスとの連携

　キューイングサービスの発展形として、IoTデバイスと連携するサービスがクラウドにはあります。

　IoTデバイスが送るデータを暗号化し、クラウドと通信してデータをキューイングしてくれるサービスです。HTTPやMQTTといったIoTデバイスでよく使われる通信をサポートしていて、簡単に連携させることができます。

　IoTサービスでは、多対多の接続をサポートしていて、1つのキューに複数のデバイスを連携することもできます。

表 5-3-1　IoTデバイスと連携するサービス

	AWS	Azure	Google Cloud
サービス名称	AWS IoT Core	Azure IoT Hub	Google Cloud IoT Core

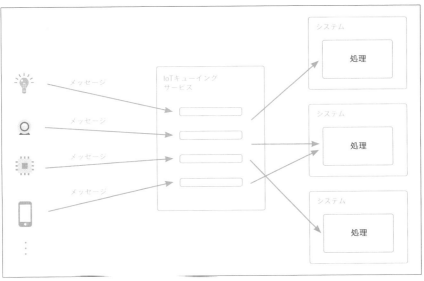

図 5-3-3　IoT デバイス対応のキューイングサービス

Chapter 5

まとめ ✏

- サービス間を非同期で連携するのがキューイングサービス
- キューイングサービスを使うと、連携先システムの完了を待たずに、次の処理に進めることができる
- IoT デバイスと連携するサービスもある

Section 4　機械学習・深層学習を活用した便利なサービス

クラウドには機械学習・深層学習に関するサービスがいくつもあります。大きく分けて、機械学習・深層学習を作成するサービスと、機械学習・深層学習を活用したサービスがあります。

モデルの作り方と使い方

　一般的な話になりますが、機械学習・深層学習の話をするときに「学習」「推論」「モデル」という言葉を使います。学習はデータからコンピュータがモデルを作成することで、推論はデータとモデルを使用して、答えを出力することを言います。

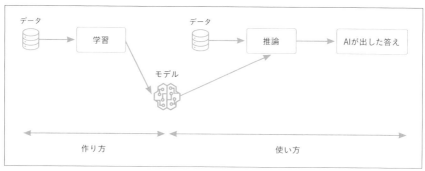

図5-4-1　モデルを作成するサービスの全体像

モデルを作成するサービス

　クラウドにはモデルを作成するサービスがあります。これには、開発者が自らアルゴリズムを考えてモデルを作成するサービスと、データだけ与えればクラウドがモデルを作成してくれるサービスがあります。

自分で作成するサービス

　自分でモデルを作成するサービスは、クラウド事業者がモデル作成に必要なソフトウェアをあらかじめインストールしたものをサーバーインスタンスとして提供してくれるものです。モデルを作成するための環境を自分で整える必要がなく、モデルを作るためのアルゴリズムの開発に集中できます。

表5-4-1　モデルを自分で作成するサービス

	AWS	**Azure**	**Google Cloud**
サービス名称	Amazon SageMaker	Azure Machine Learning	AI Platform

クラウドで作成するサービス

　クラウドがモデルを作成するサービスの場合は、用意するのはデータだけで良く、モデルの作成をクラウドに任せられます。
　画像からの物体検出や、過去データからの未来予想であったりと、クラウド事業者が用意した典型的な選択肢の中から選ぶだけで、簡単にモデルを作れます。

表5-4-2　モデルをクラウドで作成するサービス

	AWS	**Azure**	**Google Cloud**
サービス名称	Amazon Forecast、Amazon Fraud Detector	Azure Machine Learning（Studioという機能の一部）	Google Cloud AutoML

クラウド事業者が用意したモデルを活用するサービス

　クラウド事業者がすでに学習させたモデルを使うサービスもあります。これらサービスはAPI（Application Programming Interface）として提供され、使うためにはアプリケーションから処理したいデータを送信するだけで使えます。
　以下で紹介する用意されたモデルを活用したサービスは、クラウド事業者が学習させたモデルを手軽に使うことができるものです。用途が限られていますが、用途が合えば、すぐに使うことができます。

ひとまとめで解説しますが、クラウド事業者によってできることが異なるので注意が必要です。以下では、用途ごとに用意されているサービスを紹介します。

画像を扱うもの

　画像を扱うサービスには、次のものがあります。これらのサービスでは、画像データを渡すと、物体検出したり、画像に何が写っているかを検出したり（ラベル付け）、テキストの抽出（OCR）などができます。

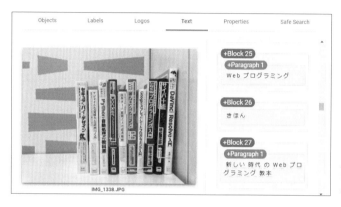

図 5-4-1
Google Cloud Vision
APIのデモ（テキストの抽出）、https://cloud.google.com/vision

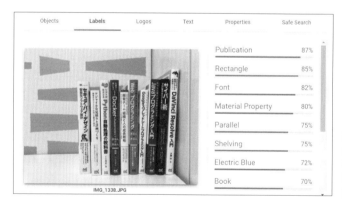

図 5-4-2
Google Cloud Vision
APIのデモ（ラベル付け）、https://cloud.google.com/vision

表 5-4-3　画像に関するサービス

	AWS	**Azure**	**Google Cloud**
サービス名称	Amazon Rekognition	Azure Computer Vision、Azure Face	Vision AI (Google Cloud Vision API)

音声を扱うもの

音声を扱うサービスは、次の通りです。音声をテキスト化したり、テキストを読み上げたりすることができます。

表 5-4-4　音声に関するサービス

	AWS	**Azure**	**Google Cloud**
サービス名称	Amazon Transcribe、Amazon Polly	Azure Speech API	Google Cloud Speech-to-Text、Google Cloud Text-to-Speech

図 5-4-3　Google Cloud Text-to-Speech のデモ（テキスト読み上げ）、https://cloud.google.com/text-to-speech

Chapter 5

動画を扱うもの

　動画を扱うサービスは、次の通りです。動画に映っているものを判別したり、ポルノや差別的表現が含まれていないかなどを判別したりすることができます。

表 5-4-5　動画に関するサービス

	AWS	Azure	Google Cloud
サービス名称	Amazon Rekognition	Azure Computer Vision	Video AI (Google Cloud Video Intelligence)

まとめ ✎

- 開発者がモデルを作成するためのサービスが用意されている
- クラウド側が自動的にモデルを作成してくれるサービスもある
- 用途が限られるがクラウドが用意するモデルを使うこともできる

チームでの開発と運用を
助けるサービス

Chapter 5までで、さまざまなクラウドサービス
を解説してきました。最後に、開発の助けになる
クラウドサービス、運用の助けになるクラウド
サービスについて解説します。

Section 1 開発の支援サービス

システム開発では、プログラムを開発するためのソフトウェア、作ったプログラムのコードの管理、プログラムをサーバーなどにコピーして動くようにする仕組みなど、さまざまなツールやサービスを使います。こうしたサービスもクラウドで提供されています。

システム開発の流れ

クラウドには、開発を支援するサービスも提供されています。要件定義とアーキテクチャ設計が終わった段階から後の、システム開発の流れを簡単に下記の図でまとめました。

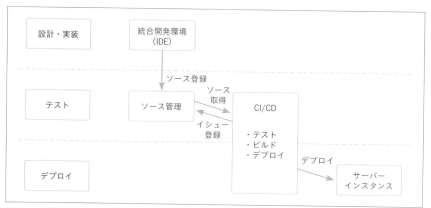

図6-1-1　設計・実装からデプロイまでの流れ

統合開発環境を使用して実装（プログラム作成）を行い、CIツールを利用してテストを自動的に行います。そしてCDツールを利用して、本番の環境にデプロイするという流れです。

CI/CDとは、Continuous Integration と Continuous Deployment（Delivery）の略です。「継続的インテグレーション」「継続的デプロイメント」という意味で、テストやデプロイを自動で行い、開発したシステムを素早く本番環境へ動く状態へ持っていくことを指します。CI/CDを実施することで、リリース間隔を短くでき、より小さい単位で機能のリリースができるようになります。

実際の開発は、さらに複雑でさまざまな手法を取り入れることもありますが、概ね、図6-1-1のような流れです。クラウドには、開発〜デプロイの流れを素早く繰り返し行っていくための、さまざまなツールが提供されています。以下で解説するサービスは、すべてマネージドで提供されるので、サーバーの管理の必要はありません。

統合開発環境（IDE）

クラウドには、統合開発環境（IDE：Integrated Development Environment）をブラウザで使えるサービスがあります。
ブラウザ上で、統合開発環境が備えるリッチな機能を使って実装ができます。また、Gitなど、開発で必要なツールはある程度入っているので、すぐに開発を始めることができます。各種クラウドサービスと連携するためのツールもインストールされています。

ブラウザで使用できるので、インストール等の環境を構築する手間が省けます。

表6-1-1　統合開発環境（IDE）

	AWS	Azure	Google Cloud
IDEの名称	Amazon Cloud 9	なし	Google Cloud Shell Editor

Point

AzureのIDE

Azureに関してはブラウザで動くIDEはありませんが、Microsoftが提供するOSSのIDEであるVisual Studio Codeを使用してAzure用のプラグインをインストールすれば、クラウド環境との連携が簡単にできます。

ソース管理

　クラウドには実装中に使用するソースを管理するサービスがあります。中身はGitリモートサーバーです。いま使用しているGitツールをそのまま使用できます。GitHubを普段使っている人であれば、すぐに使えるソース管理のサービスです。ソースを登録（Push）し、任意のCI/CDツールと連動することもできます。

　ソース管理サービスで作成されるGitリポジトリは、完全にプライベートなリポジトリです。Chapter 6-2「ユーザーとグループ、権限」で紹介するクラウドにおけるユーザー認証の仕組みを使用して認証できるので、アクセス権限の管理が容易になります。

表6-1-2　ソース管理サービス

	AWS	Azure	Google Cloud
ソース管理サービス	AWS CodeCommit	Azure Repos	Google Cloud Source Repositories

CI/CD

　クラウドにはテストからデプロイまでを自動で実行するCI/CD用のサービスがあります。

表6-1-3　CI/CDサービス

	AWS	Azure	Google Cloud
CI/CDサービス	AWS Code Pipeline	Azure Pipelines	Google Cloud Build

　上で紹介したソース管理のサービスと連携することで、ソース管理サービスにソースが登録されたときに自動でテストを実行し、問題がなければ本番環境へリリースするといった動きが可能になります。

> **まとめ** 🖉
> ● クラウドには開発に便利な**IDE**が用意されている
> ● **GitHub**のようなソース管理ツールも用意されている
> ● テストからデプロイまでを自動化する**CI/CD**ツールもある

Column
サーバーインスタンスも自動で作成

　CI/CDサービスは、自動でデプロイまでしてくれるサービスでした。実はクラウドには仮想ネットワークの作成や、サーバーインスタンスの作成、マネージドサービスを使ったデータベースインスタンスの作成などを自動で行ってくれるサービスもあります。YAML/JSON形式のファイルにどんなサービスを利用するか、サーバーインスタンスの場合ディスクはどれくらいのサイズにするか、どのネットワークに接続するかなどを記述します。

　ファイルにサーバー構成を記述できるので環境の再現性があり、インフラの構築をテキスト形式で記述できるので「Infrastructure as a Code」と呼ばれています。インフラの作成が簡単に行え、削除も容易に行えます。例えば本番環境とステージング環境で同じサーバー構成にしたい場合、別のアカウントもしくは環境で同じ内容のファイルを使ってデプロイすれば、同じ環境を用意できます。

　ただしクラウド事業者ごとに、指定の方法が異なるため、YAML/JSON形式ファイルの互換性はありません。

表6-1-3　自動作成サービス

	AWS	**Azure**	**Google Cloud**
自動作成サービスの名称	AWS CloudFormation（YAML/JSON形式）	Azure Resource Manager（JSON形式）	Google Cloud Deployment Manager（YAML形式）

Section 2　ユーザーとグループ、権限

クラウドには、ユーザーやグループなどを管理し、それぞれの権限を設定できるサービスがあります。適切にユーザー・グループ管理することで、クラウドを安全に利用できます。

ユーザー権限の管理

　チームで開発する場合、役割分担をするのが一般的です。分担の仕方はさまざまですが、チーム全員がすべてのクラウドリソースを扱う必要があることは稀です。例えばアプリ担当者とインフラ担当者に分ける場合、アプリ担当者はソース管理とCI/CDサービスを使えれば十分です。一方インフラ担当者であれば、サーバーサービスを使える必要があります。

　人によってアクセスできるリソースを管理する仕組みが、Identity and Access Management（IAM）と呼ばれるサービスです。

表6-2-1　ユーザー権限を管理するサービス

	AWS	Azure	Google Cloud
サービス名称	AWS Identity and Access Management	Azureロールベースのアクセス制御（IAM）	Google Cloud Identity and Access Management

　IAMは、個人に割り当てるユーザーとユーザーを階層化して管理するグループを作成できます。ユーザーとグループには、何が行えるかという権限を割り当てることができ、グループの権限をグループに参加しているユーザーは引き継ぎます。ユーザーは複数のグループに参加することもできます。

　図6-2-1をご覧ください。「User A-1」は「Bucket A」と「Bucket B」へ編集権限でアクセスできますが、「User A-2」は「Bucket A」への編集権限しかないので、「Bucket B」へはアクセスできません。「Group B」配下にある「User B-1」と「User B-2」には権限が

ありませんが、「Group B」が「Bucket B」への読み取り権限があるので、「User B-1」と
「User B-2」は「Bucket B」の読み取りができます。

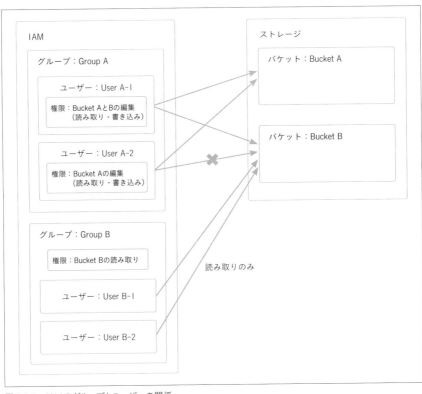

図6-2-1　IAMのグループとユーザーの関係

 Point

最初のユーザーの管理者権限

　クラウドを利用する際、最初に作成したユーザーにはクラウドの全サービスの管理者
権限があります。このユーザーが乗っ取られるようなことがあると、構築したシステム
の全削除や悪事を行うためのサーバーを立てることができてしまいます。

　そうならないように、最初のユーザーは普段は使用せず、IAMを利用して適切な権限
を与えたユーザーを作成し、作成したユーザーを普段使うようにします。

ログインユーザーとアクセスキー

　ユーザーは、クラウドを操作するための管理コンソールにログインするためのユーザーと、それ以外のユーザーに分けることができます。どちらの場合も、どのようなサービスが操作できるのかは、ユーザーに設定された権限次第です。

管理コンソールにログインするユーザー

　アカウント名とパスワードが発行され、管理コンソールを通してクラウドサービスの作成や削除などのクラウド全体の操作が行えます。

ログインしないユーザー

　ログインしないユーザーには、パスワードの代わりにアクセスキーが発行され、アクセスキーをアプリケーションに埋め込むことで、権限に応じたクラウドサービスを呼び出せます。

　例えば、ストレージの読み取り権限を付与したユーザーを作成し、アクセスキーをアプリケーションに埋め込むと、アプリケーションからストレージのファイルを読み取ることができます。ユーザーと言っていますが、その実体は、人が操作するというよりも、ツールやプログラムなどに設定して使うものです。

認証方法や監査機能

　IAMでは多要素認証を設定することで、セキュリティを高めることができます。一般的に管理コンソールにログインするユーザーはサービスの削除や作成の権限を設定することが多く、より高いセキュリティが求められます。多要素認証を設定すれば、パスワード以外での本人確認が行えるので、セキュリティを強化できます。

　IAMには監査機能も用意されており、認証が行われたログの記録や不要な権限がないかの確認もできます。

Point

ユーザーやグループに対するアクセス権とリソースに対する権限

　権限を設定する場合、ユーザーやグループに設定する方法と、リソースに設定する方法があります。前者は、「Aさんは、このバケットにアクセスできる」というように設定する方法で、これはアイデンティティベースのポリシーとも呼ばれます。後者は、「このバケットはAさんがアクセスできる」というように、バケット側（アクセスされる対象、これがリソース）に対して設定する方法です。これは、リソースベースのポリシーとも呼ばれます。

　権限を設定するときは、こうしたアイデンティティベースのポリシーとリソースベースのポリシーを組み合わせて構成します。

Point

ソース管理のSSH用公開鍵の登録

　ログインユーザーにはSSH用の公開鍵を登録することができ、ソース管理サービスへアクセスする際などに使用されます。公開鍵をクラウドに登録しておき、認証が必要な際にはユーザーが保有する秘密鍵を使用して暗号化します。

❶ 多要素認証を有効にすると、基本的なアカウント名とパスワードの入力に加え、ワンタイムパスワードの入力や指紋認証などの認証を追加することができます。

Chapter 6

まとめ ✏

- ● ユーザーの権限を管理するIAMというサービスが用意されている
- ● IAMでは各サービスへのアクセスを管理する
- ● 管理コンソールにログインできるユーザーと、アクセスキーを発行してそれを
  アプリケーションに埋め込んで使うユーザーとがある

Section 3

運用と監視

システムの開発が終わり、サービスが開始されると運用フェーズに入ります。運用フェーズに入ったら、サービスのレスポンスを悪くしないように、CPU使用率やメモリ使用量等のリソースを監視する必要があります。

運用監視サービス

　運用監視サービスでは、サーバーのインスタンスの状態（停止中、起動中、応答なしなど）やサーバーのインスタンスの状態、メモリ使用量、ディスク使用量、そして、ネットワークの通信量、サービスの応答が戻ってくるまでのレスポンス時間など、あらゆるリソースの状態を監視し、記録できます。こうした記録はグラフ化することもでき、システムが正常に動作しているか、負荷が高くなっていないかなどを確認できます。

　またこうした情報に対して、「ある値を超えたら警告を出す」というように、閾値を設定することもできます。たとえば、閾値を設定して、CPU使用率やメモリ使用量が一定の値を超えたときに、管理者に対してメールを送信するように設定しておけば、大事に至る前に気づいたり、仮に、大事が発生してもそれに気づいて迅速な対応ができるようになります。

表6-3-1　運用・監視のサービス

	AWS	Azure	Google Cloud
運用・監視の サービス名称	Amazon CloudWatch Management	Azure Monitor	Google Cloud Monitoring

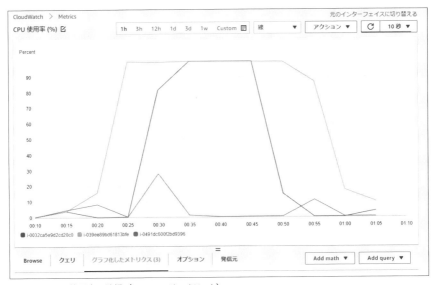

図 6-3-1　CPU 使用率の監視（Amazon CloudWatch）

CloudWatch ＞ アラーム ＞ アラームの作成

ステップ1
メトリクスと条件の指定

ステップ2
アクションの設定

ステップ3
名前と説明を追加

ステップ4
プレビューと作成

アクションの設定

通知

アラーム状態トリガー
このアクションをトリガーするアラームの状態を定義します。

削除

● アラーム状態
　メトリクスまたは式が定義した
　しきい値の範囲にあります。

○ OK
　メトリクスまたは式が定義した
　しきい値の範囲内にあります。

○ データ不足
　アラームが開始されたか、データが不足しています。

SNS トピックの選択
通知を受信する SNS (Simple Notification Service) トピックを定義します。

● 既存の SNS トピックを選択
○ 新しいトピックの作成
○ トピック ARN の使用

通知の送信先:

🔍 メールリストの選択

このアカウントのメールリストのみが利用可能です。

図 6-3-2　アラーム送信の設定（Amazon CloudWatch）

これらのサービスは、自分のクラウド内のサーバーインスタンスのリソースであれば、サーバーインスタンスにエージェントのようなアプリケーションをインストールすることなく監視できます。

リソースの監視だけでなく、HTTPリクエストの結果も監視できるので、正常にアプリケーションが動いているか、レスポンスに時間がかかりすぎていないかなどもわかります。

オートスケールの閾値としての監視

運用・監視のサービスは、他のサービスと連携して使うこともできます。たとえば、負荷分散サービスと連動して、オートスケールを行うトリガーとしても使用できます。具体的には、「平均CPU使用率が80％を超えたらインスタンスを増やし、負荷分散を行い、平均CPU使用率を60％以下に落とす」といった運用が自動でできるようになります。

オートスケーリング ▶ P.126へ

> **まとめ** 🖉
> - 運用フェーズでは、リソースの監視サービスを利用すると便利
> - リソースの使用率を監視することができる
> - 設定した閾値を超えた場合にメールなどで警告を送ることができる

各サービス・機能の補足資料

※URLやメニューは変更になることがあります。あらかじめご了承ください。

表A-1 管理コンソール

	AWS	Azure	Google Cloud
名称	マネジメントコンソール	Azure Portal	Cloud Console
URL	https://aws.amazon.com/jp/console	https://azure.microsoft.com/ja-jp/features/azure-portal/	https://console.cloud.google.com/

表A-2 コマンドラインツール

	AWS	Azure	Google Cloud
名称	AWS CLI	Azure CLI	gcloud CLI
URL	https://aws.amazon.com/jp/cli/	https://docs.microsoft.com/ja-jp/cli/azure/	https://cloud.google.com/sdk

表A-3 Cloud Shell

	AWS	Azure	Google Cloud
名称	AWS CloudShell	Azure Cloud Shell	Google Cloud Shell
ドキュメント	https://docs.aws.amazon.com/ja_jp/cloudshell/latest/userguide/working-with-cloudshell.html	https://docs.microsoft.com/ja-jp/azure/cloud-shell/overview	https://cloud.google.com/shell

表A-4 リージョン・ゾーン

	AWS	Azure	Google Cloud
リージョン一覧	https://docs.aws.amazon.com/ja_jp/AWSEC2/latest/UserGuide/using-regions-availability-zones.html	https://azure.microsoft.com/ja-jp/global-infrastructure/geographies/#geographies	https://cloud.google.com/compute/docs/regions-zones
ゾーンの説明	https://docs.aws.amazon.com/ja_jp/AWSEC2/latest/UserGuide/using-regions-availability-zones.html#local-zones-describe	https://docs.microsoft.com/ja-jp/azure/availability-zones/az-overview	https://cloud.google.com/compute/docs/regions-zones

表A-5 コスト計算

	AWS	Azure	Google Cloud
名称	AWS 料金見積りツール	料金計算ツール	Google Cloud Platform Pricing Calculator
URL	https://calculator.aws/	https://azure.microsoft.com/ja-jp/pricing/calculator/	https://cloud.google.com/products/calculator/

表A-6 コスト超過時のアラート設定

	AWS	Azure	Google Cloud
名称	AWS Budgets	Cost Management	予算とアラート
URL	https://aws.amazon.com/jp/aws-cost-management/aws-budgets/	https://docs.microsoft.com/ja-jp/azure/cost-management-billing/cost-management-billing-overview	https://cloud.google.com/billing/docs/how-to/budgets
メニュー	ホーム＞検索バーから「Budgets」を選択	ホーム＞検索バーから「コストの管理と請求」を選択	ホーム＞検索バーから「予算とアラート」を選択

※「ホーム」は各サービスの管理コンソールのホーム画面を意味しています。

表A-7　仮想ネットワーク

	AWS	Azure	Google Cloud
名称	Amazon Virtual Private Cloud（Amazon VPC）	Azure Virtual Network	Google Virtual Private Cloud（Google VPC）
ドキュメント	https://docs.aws.amazon.com/ja_jp/vpc/latest/userguide/what-is-amazon-vpc.html	https://docs.microsoft.com/ja-jp/azure/virtual-network/virtual-networks-overview	https://cloud.google.com/vpc
メニュー	ホーム＞検索バーから「VPC」を選択、ほか	ホーム＞検索バーから「仮想ネットワーク」を選択、ほか	ホーム＞検索バーから「VPC ネットワーキング」を選択、ほか

表A-8　サーバー

	AWS	Azure	Google Cloud
名称	Amazon Elastic Compute Cloud（EC2）	Azure Virtual Machines	Google Compute Engine（GCE）
ドキュメント	https://docs.aws.amazon.com/ja_jp/AWSEC2/latest/UserGuide/concepts.html	https://azure.microsoft.com/ja-jp/services/virtual-machines/	https://cloud.google.com/compute
メニュー	ホーム＞検索バーから「EC2」を選択、ほか	ホーム＞検索バーから「Virtual Machines」を選択、ほか	ホーム＞検索バーから「Compute Engine」を選択、ほか

表A-9　ディスク

	AWS	Azure	Google Cloud
名称	Amazon Elastic Block Store（EBS）	Azure Disk Storage	永続ディスク
ドキュメント	https://docs.aws.amazon.com/AWSEC2/latest/UserGuide/AmazonEBS.html	https://docs.microsoft.com/ja-jp/azure/virtual-machines/managed-disks-overview	https://cloud.google.com/compute/docs/disks
メニュー	ホーム＞検索バーから「EC2」を選択、ほか	ホーム＞検索バーから「Virtual Machines」を選択、ほか	ホーム＞検索バーから「ディスク」を選択、ほか

表A-10　IPアドレス予約サービス

	AWS	Azure	Google Cloud
名称	Elastic IPアドレス	パブリックIPアドレス	外部IPアドレス
ドキュメント	https://docs.aws.amazon.com/ja_jp/AWSEC2/latest/UserGuide/elastic-ip-addresses-eip.html	https://docs.microsoft.com/ja-jp/azure/virtual-network/ip-services/	https://cloud.google.com/compute/docs/ip-addresses/reserve-static-external-ip-address#reservedaddress
メニュー	ホーム＞検索バーから「EC2」を選択、ほか	ホーム＞検索バーから「パブリック IP アドレス」を選択、ほか	ホーム＞検索バーから「外部IPアドレス」を選択、ほか

表A-11　バックアップとリストア

	AWS	Azure	Google Cloud
名称	AWS Backup	Azure Backup	スナップショットの作成
ドキュメント	https://docs.aws.amazon.com/ja_jp/aws-backup/latest/devguide/whatisbackup.html	https://docs.microsoft.com/ja-jp/azure/backup/	https://cloud.google.com/compute/docs/create-snapshots?hl=ja
メニュー	ホーム＞検索バーから「AWS Backup」	ホーム＞検索バーから「Virtual Machines」を選択、ほか	ホーム＞検索バーから「スナップショットの作成」を選択、ほか

表A-12　ベースイメージとカスタムイメージ

	AWS	Azure	Google Cloud
呼称	Amazon マシンイメージ（AMI）の作成	承認済みのベースを使用して仮想マシンを作成	カスタムイメージの作成
ドキュメント	https://docs.aws.amazon.com/ja_jp/AWSEC2/latest/UserGuide/AMIs.html	https://docs.microsoft.com/ja-jp/azure/marketplace/azure-vm-use-approved-base	https://cloud.google.com/compute/docs/images?hl=ja#custom_images
メニュー	ホーム＞検索バーから「機能」カテゴリの「AMI」を選択、ほか	ホーム＞検索バーから「Virtual Machines」を選択、ほか	ホーム＞検索バーから「イメージ」を選択、ほか

表 A-13　HTTP/HTTPS負荷分散サービス

	AWS	Azure	Google Cloud
名称	Application Load Balancer	Application Gateway	HTTP(S) Load Balancing
ドキュメント	https://docs.aws.amazon.com/ja_jp/elasticloadbalancing/latest/application/introduction.html	https://docs.microsoft.com/ja-jp/azure/application-gateway/	https://cloud.google.com/load-balancing/docs/https
メニュー	ホーム＞検索バーから「機能」カテゴリの「ロードバランサー」を選択、ほか	ホーム＞検索バーから「アプリケーション ゲートウェイ」を選択、ほか	ホーム＞検索バーから「負荷分散」を選択、ほか

表 A-14　TCP/UDP負荷分散サービス

	AWS	Azure	Google Cloud
名称	Network Load Balancer	Load Balancer	TCP Load Balancing、UDP Load Balancing
ドキュメント	https://docs.aws.amazon.com/ja_jp/elasticloadbalancing/latest/network/introduction.html	https://docs.microsoft.com/ja-jp/azure/load-balancer/load-balancer-overview	https://cloud.google.com/load-balancing/docs/network
メニュー	ホーム＞検索バーから「機能」カテゴリの「ロードバランサー」を選択、ほか	ホーム＞検索バーから「ロード バランサー」を選択、ほか	ホーム＞検索バーから「負荷分散」を選択、ほか

表 A-15　インスタンスグループ

	AWS	Azure	Google Cloud
名称	Auto Scaling グループ、ターゲット・グループ	仮想マシンスケールセット	インスタンスグループ
ドキュメント	Auto Scaling グループ：https://docs.aws.amazon.com/ja_jp/autoscaling/ec2/userguide/AutoScalingGroup.html ターゲットグループ：https://docs.aws.amazon.com/ja_jp/elasticloadbalancing/latest/application/load-balancer-target-groups.html	https://docs.microsoft.com/ja-jp/azure/virtual-machine-scale-sets/overview	https://cloud.google.com/compute/docs/instance-groups/creating-groups-of-managed-instances
メニュー	Auto Scaling グループ：ホーム＞検索バーから「機能」カテゴリで「Auto Scaling グループ」を選択、ほか ターゲットグループ：ホーム＞検索バーから「機能」カテゴリで「ターゲットグループ」を選択、ほか	ホーム＞検索バーから「ロード バランサー」を選択、ほか	ホーム＞検索バーから「インスタンスグループ」を選択、ほか

表 A-16　VPN接続サービス　オンプレミス側にエンドポイントを用意

	AWS	Azure	Google Cloud
名称	AWS Site-to-Site VPN	VPN Gateway	Cloud VPN
ドキュメント	https://docs.aws.amazon.com/ja_jp/vpn/latest/s2svpn/VPC_VPN.html	https://docs.microsoft.com/ja-jp/azure/vpn-gateway/vpn-gateway-about-vpngateways	https://cloud.google.com/network-connectivity/docs/vpn/concepts/overview
メニュー	ホーム＞検索バーから「機能」カテゴリの「サイト間 VPN接続」を選択、ほか	ホーム＞検索バーから「仮想ネットワーク ゲートウェイ」を選択、ほか	ホーム＞検索バーから「ハイブリッド接続」を選択、ほか

表 A-17　VPN 接続サービス　クラウド側にエンドポイントを用意

	AWS	Azure	Google Cloud
名称	AWS クライアント VPN	VPN Gateway	Cloud VPN
ドキュメント	https://docs.aws.amazon.com/ja_jp/vpn/latest/clientvpn-admin/what-is.html	https://docs.microsoft.com/ja-jp/azure/vpn-gateway/vpn-gateway-about-vpngateways	https://cloud.google.com/network-connectivity/docs/vpn/concepts/overview
メニュー	ホーム＞検索バーから「機能」カテゴリの「クライアントエンドポイント」を選択、ほか	ホーム＞検索バーから「仮想ネットワーク ゲートウェイ」を選択、ほか	ホーム＞検索バーから「ハイブリッド接続」を選択、ほか

表 A-18　専用線

	AWS	Azure	Google Cloud
名称	AWS Direct Connect	Azure ExpressRoute	Cloud Interconnect
ドキュメント	https://docs.aws.amazon.com/ja_jp/directconnect/latest/UserGuide/Welcome.html	https://docs.microsoft.com/ja-jp/azure/expressroute/expressroute-introduction	https://cloud.google.com/network-connectivity/docs/interconnect/concepts/overview
メニュー	ホーム＞検索バーから「Direct Connect」を選択、ほか	ホーム＞検索バーから「ExpressRoute 回線」を選択、ほか	ホーム＞検索バーから「ハイブリッド接続」を選択、ほか

表 A-19　ピアリングハブサービス

	AWS	Azure	Google Cloud
名称	AWS Transit Gateway	Azure Virtual WAN	Network Connectivity Center
ドキュメント	https://docs.aws.amazon.com/ja_jp/vpc/latest/tgw/what-is-transit-gateway.html	https://docs.microsoft.com/ja-jp/azure/virtual-wan/virtual-wan-about	https://cloud.google.com/network-connectivity/docs/network-connectivity-center
メニュー	ホーム＞検索バーから「トランジットゲートウェイ」を選択、ほか	ホーム＞検索バーから「仮想 WAN」を選択、ほか	ホーム＞検索バーから「Network Connectivity Center」を選択、ほか

表 A-20　レジストラ

	AWS	Azure	Google Cloud
名称	Amazon Route 53	App Service ドメイン	Google Domains
ドキュメント（またはサービス URL）	https://docs.aws.amazon.com/ja_jp/Route53/latest/DeveloperGuide/Welcome.html	https://docs.microsoft.com/ja-jp/azure/app-service/manage-custom-dns-buy-domain	https://domains.google/intl/ja_jp/
メニュー	ホーム＞検索バーから「Route 53」を選択、ほか	ホーム＞検索バーで「App Service ドメイン」を選択、ほか	（Google Cloud 外のサービス）

表 A-21　DNS サーバー

	AWS	Azure	Google Cloud
名称	Amazon Route 53	Azure DNS	Google Cloud DNS
ドキュメント	https://docs.aws.amazon.com/ja_jp/Route53/latest/DeveloperGuide/Welcome.html	https://docs.microsoft.com/ja-jp/azure/dns/dns-overview	https://cloud.google.com/dns/docs/overview/
メニュー	ホーム＞検索バーから「Route 53」を選択、ほか	ホーム＞検索バーで「DNS ゾーン」を選択、ほか	ホーム＞検索バーで「Cloud DNS」を選択、ほか

表 A-22　ストレージサービス

	AWS	Azure	Google Cloud
名称	Amazon Simple Storage Service	Azure Blob Storage	Google Cloud Storage
ドキュメント	https://docs.aws.amazon.com/ja_jp/AmazonS3/latest/userguide/Welcome.html	https://docs.microsoft.com/ja-jp/azure/storage/blobs/storage-blobs-introduction	https://cloud.google.com/storage/docs/introduction
メニュー	ホーム＞検索バーで「S3」を選択、ほか	ホーム＞検索バーで「ストレージアカウント」を選択、ほか	ホーム＞検索バーで「Cloud Storage ブラウザ」を選択、ほか

表A-23　アーカイブサービス

	AWS	Azure	Google Cloud
名称	Amazon S3 Glacier	Azure Blob Storage	Google Cloud Storage
ドキュメント	https://docs.aws.amazon.com/ja_jp/amazonglacier/latest/dev/introduction.html	https://docs.microsoft.com/ja-jp/azure/storage/blobs/access-tiers-overview#archive-access-tier	https://cloud.google.com/storage/docs/storage-classes#archive
メニュー	ホーム>検索バーで「S3 Glacier」を選択、ほか	ホーム>検索バーで「ストレージアカウント」を選択、ほか	ホーム>検索バーで「Cloud Storage ブラウザ」を選択、ほか

表A-24　ファイルサーバーサービス

	AWS	Azure	Google Cloud
名称	Amazon Elastic File System	Azure Files	Google Cloud Filestore
ドキュメント	https://docs.aws.amazon.com/ja_jp/efs/latest/ug/whatisefs.html	https://docs.microsoft.com/ja-jp/azure/storage/files/storage-files-introduction	https://cloud.google.com/filestore/docs
メニュー	ホーム>検索バーで「EFC」を選択、ほか	ホーム>検索バーで「ストレージアカウント」を選択、ほか	ホーム>検索バーで「Cloud Filestore API」を選択、ほか

表A-25　CDNサービス

	AWS	Azure	Google Cloud
名称	Amazon CloudFront	Azure Content Delivery Network	Cloud CDN
ドキュメント	https://docs.aws.amazon.com/ja_jp/AmazonCloudFront/latest/DeveloperGuide/Introduction.html	https://docs.microsoft.com/ja-jp/azure/cdn/	https://cloud.google.com/cdn/docs/overview
メニュー	ホーム>検索バーで「CloudFront」を選択、ほか	ホーム>検索バーで「CDN のプロファイル」を選択、ほか	ホーム>検索バーで「Cloud CDN」を選択、ほか

表A-26　RDB

	AWS	Azure	Google Cloud
名称	Amazon RDS	Azure Database、Azure SQL Database	Google Cloud SQL
ドキュメント	https://docs.aws.amazon.com/ja_jp/AmazonRDS/latest/UserGuide/Welcome.html	https://azure.microsoft.com/ja-jp/product-categories/databases/	https://cloud.google.com/sql/docs
メニュー	ホーム>検索バーで「RDS」を選択、ほか	ホーム>検索バーで「Azure Database for ○○」または、ホーム>検索バーで「SQL データベース」を選択、ほか	ホーム>検索バーで「SQL」を選択、ほか

表A-27　NoSQLサービス

	AWS	Azure	Google Cloud
名称	Amazon DynamoDB	Azure Cosmos DB	Google Cloud Datastore、Firestore
ドキュメント	https://docs.aws.amazon.com/ja_jp/amazondynamodb/latest/developerguide/Introduction.html	https://docs.microsoft.com/ja-jp/azure/cosmos-db/introduction	https://cloud.google.com/datastore/docs
メニュー	ホーム>検索バーで「DynamoDB」を選択、ほか	ホーム>検索バーで「Azure Cosmos DB」を選択、ほか	ホーム>検索バーで「Datastore」を選択、ほか

表A-28　データウェアハウス

	AWS	Azure	Google Cloud
名称	Amazon Redshift	Azure Synapse Analytics	BigQuery
ドキュメント	https://docs.aws.amazon.com/ja_jp/redshift/latest/mgmt/welcome.html	https://docs.microsoft.com/ja-jp/azure/synapse-analytics/overview-what-is	https://cloud.google.com/bigquery/docs
メニュー	ホーム>検索バーで「Amazon Redshift」を選択、ほか	ホーム>検索バーで「Azure Synapse Analytics」を選択、ほか	ホーム>検索バーで「BigQuery」を選択、ほか

表A-29　レジストリサービス

	AWS	Azure	Google Cloud
名称	Amazon Elastic Container Registry	Azure Container Registry	Google Container Registry
ドキュメント	https://docs.aws.amazon.com/ja_jp/AmazonECR/latest/userguide/what-is-ecr.html	https://docs.microsoft.com/ja-jp/azure/container-registry/	https://cloud.google.com/container-registry/docs
メニュー	ホーム＞検索バーで「Elastic Container Registry」を選択、ほか	ホーム＞検索バーで「コンテナーレジストリ」を選択、ほか	ホーム＞検索バーで「Container Registry」を選択、ほか

表A-30　コンテナ実行サービス

	AWS	Azure	Google Cloud
名称	Amazon Elastic Container Service	Azure Container Instances	Google App Engine
ドキュメント	https://docs.aws.amazon.com/ja_jp/AmazonECS/latest/developerguide/Welcome.html	https://docs.microsoft.com/ja-jp/azure/container-instances/	https://cloud.google.com/appengine/docs/flexible
メニュー	ホーム＞検索バーで「Elastic Container Service」を選択、ほか	ホーム＞検索バーで「コンテナーインスタンス」を選択、ほか	ホーム＞検索バーで「App Engine」を選択、ほか

表A-31　コンテナオーケストレーションサービス

	AWS	Azure	Google Cloud
名称	Amazon Elastic Kubernetes Service	Azure Kubernetes Service	Google Kubernetes Engine
ドキュメント	https://docs.aws.amazon.com/ja_jp/eks/latest/userguide/what-is-eks.html	https://docs.microsoft.com/ja-jp/azure/aks/	https://cloud.google.com/kubernetes-engine
メニュー	ホーム＞検索バーで「Elastic Kubernetes Service」を選択、ほか	ホーム＞検索バーで「Kubernetesサービス」を選択、ほか	ホーム＞検索バーで「Kubernetes Engine」を選択、ほか

表A-32　サーバーレスアプリケーションサービス

	AWS	Azure	Google Cloud
名称	AWS Lambda	Azure Functions	Google App Engine（スタンダート環境）、Google Cloud Functions
ドキュメント	https://docs.aws.amazon.com/ja_jp/lambda/latest/dg/welcome.html	https://docs.microsoft.com/ja-jp/azure/azure-functions/functions-overview	Google App Engine：https://cloud.google.com/appengine/docs/standard Google Cloud Functions：https://cloud.google.com/functions
メニュー	ホーム＞検索バーで「Lambda」を選択、ほか	ホーム＞検索バーで「関数アプリ」を選択、ほか	Google App Engine：ホーム＞検索バーで「App Engine」を選択、ほか ホーム＞検索バーで「Cloud Functions」を選択、ほか

表A-33　SDK

	AWS	Azure	Google Cloud
名称	AWS SDK	Azure SDK	Cloud SDK
URL	https://aws.amazon.com/jp/getting-started/tools-sdks/	https://azure.microsoft.com/ja-jp/downloads/	https://cloud.google.com/sdk/docs

表A-34　キューイングサービス

	AWS	**Azure**	**Google Cloud**
名称	Amazon Simple Queue Service (SQS)	Azure Service Bus	Google Cloud Pub/Sub
ドキュメント	https://docs.aws.amazon.com/ja_jp/AWSSimpleQueueService/latest/SQSDeveloperGuide/welcome.html	https://docs.microsoft.com/ja-jp/azure/service-bus-messaging/service-bus-messaging-overview	https://cloud.google.com/pubsub/docs/overview
メニュー	ホーム>検索バーで「Simple Queue Service」を選択、ほか	ホーム>検索バーで「Service Bus」を選択、ほか	ホーム>検索バーで「Pub/Sub」を選択、ほか

表A-35　IoTデバイスと連携するサービス

	AWS	**Azure**	**Google Cloud**
名称	AWS IoT Core	Azure IoT Hub	Google Cloud IoT Core
URL	https://docs.aws.amazon.com/ja_jp/iot/latest/developerguide/what-is-aws-iot.html	https://docs.microsoft.com/ja-jp/azure/iot-hub/	https://cloud.google.com/iot/docs
メニュー	ホーム>検索バーで「IoT Core」を選択、ほか	ホーム>検索バーで「IoT Hub」を選択、ほか	ホーム>検索バーで「IoT Core」を選択、ほか

表A-36　モデルを自分で作成するサービス

	AWS	**Azure**	**Google Cloud**
名称	Amazon SageMaker	Azure Machine Learning	AI Platform
ドキュメント	https://docs.aws.amazon.com/ja_jp/sagemaker/latest/dg/whatis.html	https://docs.microsoft.com/ja-jp/azure/machine-learning/overview-what-is-azure-machine-learning	https://cloud.google.com/ai-platform/docs/technical-overview
メニュー	ホーム>検索バーで「Amazon SageMaker」を選択、ほか	ホーム>検索バーで「機械学習」ほか	ホーム>検索バーで「AI Platform」を選択、ほか

表A-37　モデルをクラウドで作成するサービス

	AWS	**Azure**	**Google Cloud**
名称	Amazon Forecast、Amazon Fraud Detector	Azure Machine Learning	Google Cloud AutoML
ドキュメント	Amazon Forecast：https://docs.aws.amazon.com/ja_jp/forecast/latest/dg/what-is-forecast.html Amazon Fraud Detector：https://docs.aws.amazon.com/ja_jp/frauddetector/latest/ug/what-is-frauddetector.html	https://docs.microsoft.com/ja-jp/azure/machine-learning/overview-what-is-azure-machine-learning	https://cloud.google.com/vertex-ai/docs/beginner/beginners-guide
メニュー	Amazon Forecast：ホーム>検索バーで「Amazon Forecast」を選択、ほか Amazon Fraud Detector：ホーム>検索バーで「Amazon Fraud Detector」を選択、ほか	ホーム>検索バーで「機械学習」ほか	ホーム>検索バーで「Vertex AI」ほか

Appendix

表A-38 画像に関するサービス

	AWS	Azure	Google Cloud
名称	Amazon Rekognition	Azure Computer Vision、Azure Face	Vision AI（Google Cloud Vision API）
ドキュメント	https://docs.aws.amazon.com/ja_jp/rekognition/latest/dg/what-is.html	Azure Computer Vision：https://docs.microsoft.com/ja-jp/azure/cognitive-services/computer-vision/ Azure Face：https://docs.microsoft.com/ja-jp/azure/cognitive-services/face/	https://cloud.google.com/vision/docs
メニュー	ホーム＞検索バーで「Amazon Rekognition」を選択、ほか	Azure Computer Vision：ホーム＞検索バーで「Computer Vision」を選択、ほか Azure Face：ホーム＞検索バーで「Face APIs」を選択、ほか	ホーム＞検索バーで「Vision」を選択、ほか

表A-39 音声に関するサービス

	AWS	Azure	Google Cloud
名称	Amazon Transcribe、Amazon Polly	Azure Speech API	Google Cloud Speech-to-Text、Google Cloud Text-to-Speech
ドキュメント	Amazon Transcribe：https://docs.aws.amazon.com/transcribe/latest/dg/transcribe-whatis.html Amazon Polly：https://docs.aws.amazon.com/ja_jp/polly/latest/dg/what-is.html	https://docs.microsoft.com/ja-jp/azure/cognitive-services/speech-service/	Google Cloud Speech-to-Text：https://cloud.google.com/speech-to-text Google Cloud Text-to-Speech：https://cloud.google.com/text-to-speech
メニュー	Amazon Transcribe：ホーム＞検索バーで「Amazon Transcribe」を選択、ほか Amazon Polly：ホーム＞検索バーで「Amazon Polly」を選択、ほか	ホーム＞検索バーで「Speech」（Marketplace）を選択、ほか	Google Cloud Speech-to-Text：ホーム＞検索バーで「Speech to Text」を選択、ほか Google Cloud Text-to-Speech：コマンドツール

表A-40 動画に関するサービス

	AWS	Azure	Google Cloud
名称	Amazon Rekognition	Azure Computer Vision	Video AI（Google Cloud Video Intelligence）
ドキュメント	https://docs.aws.amazon.com/rekognition/latest/dg/what-is.html	Azure Computer Vision：https://docs.microsoft.com/ja-jp/azure/cognitive-services/computer-vision/ Azure Face：https://docs.microsoft.com/ja-jp/azure/cognitive-services/face/	https://cloud.google.com/video-intelligence
メニュー	ホーム＞検索バーで「Amazon Rekognition」を選択、ほか	Azure Computer Vision：ホーム＞検索バーで「Computer Vision」を選択、ほか	ホーム＞検索バーで「Video Intelligence」を選択、ほか

表A-41 統合開発環境（IDE）

	AWS	Azure	Google Cloud
名称	Amazon Cloud 9	なし	Google Cloud Shell Editor
ドキュメント	https://docs.aws.amazon.com/ja_jp/cloud9/latest/user-guide/welcome.html		https://cloud.google.com/shell/docs/launching-cloud-shell-editor
メニュー	ホーム＞検索バーで「Cloud9」を選択、ほか	Visual Studio Code：https://azure.microsoft.com/ja-jp/products/visual-studio-code/	ホーム＞「Cloud Shell をアクティブにする」ボタンをクリック

表 A-42　ソース管理サービス

	AWS	**Azure**	**Google Cloud**
名称	AWS CodeCommit	Azure Repos	Google Cloud Source Repositories
ドキュメント	https://docs.aws.amazon.com/ja_jp/codecommit/latest/userguide/welcome.html	https://docs.microsoft.com/ja-jp/azure/devops/repos/?view=azure-devops	https://cloud.google.com/source-repositories/docs
メニュー	ホーム>検索バーで「CodeCommit」を選択、ほか	ホーム>検索バーで「DevOps Organizations」を選択、ほか	ホーム>検索バーで「Source Repositories」を選択、ほか

表 A-43　CI/CDサービス

	AWS	**Azure**	**Google Cloud**
名称	AWS Code Pipeline	Azure Pipelines	Google Cloud Build
ドキュメント	https://docs.aws.amazon.com/ja_jp/codepipeline/latest/userguide/welcome.html	https://docs.microsoft.com/ja-jp/azure/devops/pipelines/?view=azure-devops	https://cloud.google.com/build
メニュー	ホーム>検索バーで「CodePipeline」を選択、ほか	(Azure DevOps内) https://azure.microsoft.com/services/devops/pipelines	ホーム>検索バーで「Cloud Build」を選択、ほか

表 A-44　サービスの自動作成

	AWS	**Azure**	**Google Cloud**
名称	AWS CloudFormation	Azure Resource Manager	Google Cloud Deployment Manager
URL	https://docs.aws.amazon.com/ja_jp/AWSCloudFormation/latest/UserGuide/Welcome.html	https://docs.microsoft.com/ja-jp/azure/azure-resource-manager/management/overview	https://cloud.google.com/deployment-manager/docs
メニュー	ホーム>検索バーで「CloudFormation」を選択、ほか	コマンドツール	ホーム>検索バーで「Cloud Deployment Manager」(Marketplace)を選択、ほか

表 A-45　ユーザー権限を管理するサービス

	AWS	**Azure**	**Google Cloud**
名称	AWS Identity and Access Management	Azure ロールベースのアクセス制御	Google Cloud Identity and Access Management
URL	https://docs.aws.amazon.com/ja_jp/IAM/latest/UserGuide/introduction.html	https://docs.microsoft.com/ja-jp/azure/role-based-access-control/	https://cloud.google.com/iam/docs/
メニュー	ホーム>検索バーで「IAM」を選択、ほか	ホーム>検索バーで「リソースグループ」を選択、ほか	ホーム>検索バーで「IAMと管理」を選択、ほか

表 A-46　運用・監視のサービス

	AWS	**Azure**	**Google Cloud**
名称	Amazon CloudWatch Management	Azure Monitor	Google Cloud Monitoring
URL	https://aws.amazon.com/jp/cloudwatch/getting-started/	https://docs.microsoft.com/ja-jp/azure/azure-monitor/overview	https://cloud.google.com/monitoring/docs
メニュー	ホーム>検索バーで「CloudWatch」を選択、ほか	ホーム>検索バーで「モニター」を選択、ほか	ホーム>検索バーで「Monitoring」を選択、ほか

Index

著者プロフィール

髙橋 秀一郎 (たかはし しゅういちろう)

1981年長崎生まれ、神奈川育ち。大学卒業後SIerに所属、約16年間IT系の業務に従事する。メガバンクのシステム更改やDWH更改に携わり、現在は地域自治体の課題の発見・ITを活用した課題解決を行う。エッヂデバイスからクラウドを使用したサービスまで、一通りの実装が可能な技術をもとに、現実世界の情報を電子データ化する技術を磨く。Google Cloud Platform 認定 Professional Cloud Architect。

大澤 文孝 (おおさわ ふみたか)

技術ライター。プログラマー。
情報処理技術者(「情報セキュリティスペシャリスト」「ネットワークスペシャリスト」)。

雑誌や書籍などで開発者向けの記事を中心に執筆。主にサーバやネットワーク、Webプログラミング、セキュリティの記事を担当する。近年は、Webシステムの設計・開発に従事。

主な著書に、『ちゃんと使える力を身につける Webとプログラミングのきほんのきほん』(マイナビ出版)、『いちばんやさしい Python入門教室』(ソーテック社)、『AWS Lambda 実践ガイド』(インプレス)、『さわって学ぶクラウドインフラ docker基礎からのコンテナ構築』(日経BP)、『ゼロからわかる Amazon Web Services超入門 はじめてのクラウド』(技術評論社)、『UIまで手の回らないプログラマのための Bootstrap 3実用ガイド』(翔泳社)、『Jupyter NoteBook レシピ』(工学社)などがある。

STAFF
ブックデザイン：三宮 暁子（Highcolor）
DTP：株式会社シンクス
編集：伊佐 知子

かんたん理解
正しく選んで使うための クラウドのきほん

2022年1月26日　初版第1刷発行

著者	髙橋 秀一郎、大澤 文孝
発行者	滝口 直樹
発行所	株式会社マイナビ出版
	〒101-0003　東京都千代田区一ツ橋2-6-3 一ツ橋ビル 2F
	TEL：0480-38-6872（注文専用ダイヤル）
	TEL：03-3556-2731（販売）
	TEL：03-3556-2736（編集）
	E-Mail：pc-books@mynavi.jp
	URL：https://book.mynavi.jp
印刷・製本	株式会社ルナテック

©2022 髙橋 秀一郎, 大澤 文孝, Printed in Japan
ISBN 978-4-8399-7275-2